普通高等教育机电专业规划教材

数控加工工艺实用教程

主　编　范淇元　牛吉梅
副主编　蒙启泳　王文萍
参　编　梁顺可　郭　建
主　审　林　颖　李　虹

中国轻工业出版社

图书在版编目（CIP）数据

数控加工工艺实用教程/范淇元，牛吉梅主编. —北京：
中国轻工业出版社，2015.6
　普通高等教育机电专业规划教材
　ISBN 978-7-5184-0468-1

　Ⅰ.①数…　Ⅱ.①范…②牛…　Ⅲ.①数控机床—加
工—高等学校—教材　Ⅳ.①TG659

中国版本图书馆 CIP 数据核字（2015）第 071415 号

责任编辑：王　淳　　责任终审：孟寿萱　　封面设计：锋尚设计
版式设计：宋振全　　责任校对：晋　洁　　责任监印：张　可

出版发行：中国轻工业出版社（北京东长安街 6 号，邮编：100740）
印　　刷：北京君升印刷有限公司
经　　销：各地新华书店
版　　次：2015 年 6 月第 1 版第 1 次印刷
开　　本：720×1000　1/16　印张：15.25
字　　数：390 千字
书　　号：ISBN 978-7-5184-0468-1　定价：32.00 元
邮购电话：010 – 65241695　传真：65128352
发行电话：010 – 85119835　85119793　传真：85113293
网　　址：http://www.chlip.com.cn
Email：club@ chlip.com.cn
如发现图书残缺请直接与我社邮购联系调换
150321J1X101ZBW

前　言

　　数控加工技术是先进制造技术的基础与核心，数控加工工艺课程则是数控技术相关专业的核心课程与专业技能认证体系中的核心技能课程。学生通过本课程的学习，掌握数控加工工艺规程的制订、装配工艺规程的制订、典型机床夹具设计与选用的基本方法和原则，掌握查阅相关手册和技术资料的方法，正确填写各种工艺文件，具有一定的加工质量控制与分析、生产现场工艺问题的解决能力。

　　本教材从实际生产需要出发，以数控加工工艺为主线设计教学内容。主要内容包括数控加工的切削基础、工件的装夹基础、数控加工工艺基础、数控车削加工工艺、数控铣削加工工艺、数控加工中心加工工艺、数控线切割加工工艺及数控加工工艺课程设计等内容，教材突出应用、实用、适用原则。书中图片、插图直观，教材内容设置注意循序渐进，并配以实际加工案例，将理论知识寓于实践应用中。

　　本教材由华南理工大学广州学院机械工程学院机械工程及自动化教研室老师编写，范淇元、牛吉梅任主编，蒙启泳和王文萍任副主编，参编梁顺可、郭建，由林颖教授、李虹副教授负责主审。其中第1章由牛吉梅编写；第2章、第3章由梁顺可编写；第4章由蒙启泳编写；第5章、第6章由范淇元编写；第7章由王文萍编写；第8章由郭建编写。全书由范淇元统稿。

　　本教材编写得到了从事数控车、数控铣、加工中心操作的技师、高级技师的宝贵建议和大力帮助，在此致以衷心的感谢。

　　由于编者的水平和经验有限，教材中难免存在一些疏漏和不妥之处，欢迎使用者多提一些宝贵的意见和建议，以便下次修订时改进。

编　者

2014 年 9 月

目　录

第1章　数控加工的切削基础

数控加工是用数字信息控制零件和刀具位移的机械加工方法，是在数控机床上进行零件加工的一种工艺方法，起源于 20 世纪 40 年代后期航空工业的需要。数控机床加工与传统机床加工的工艺规程从总体上说是一致的，但可以解决普通的加工方法难以解决的关键问题。它是解决零件品种多变、批量小、形状复杂、精度高等问题和实现高效化和自动化加工的有效途径。数控加工工艺的制定同样要考虑切削用量、切削参数、刀具、切削液等的选择原则及其影响因素问题，在保证零件加工精度和表面粗糙度前提下，选择恰当的切削用量既可充分发挥刀具切削性能，保证合理的刀具耐用度，又能充分发挥机床的性能，达到提高生产率、降低成本的目的。

本章将着重介绍数控加工的切削基础知识及应用。

1.1　数控加工中的金属切削基础知识及应用

切削加工是利用切削刀具从毛坯上切除多余的材料，以获得所需的形状、尺寸精度和表面粗糙度的加工方法。

1.1.1　切削运动

在切削加工中刀具与工件的相对运动，即表面成形运动，可分解为主运动和进给运动，如图 1－1 所示。使工件与刀具产生相对运动以进行切削的最基本运动称为主运动。主运动是切下切屑所需的最基本的运动，在切削运动中主运动的速度最高、消耗的功率最大。主运动只有一个，可以是旋转运动也可以是直线运动。如车削时工件的旋转运动。

使主运动能够继续切除工件上多余的金属，以便形成工件表面所需的运动称为进给运动。进给运动是多余材料不断被投入切削，从而加工完整表面所需的运动，进给运动可以有一个或几个，其运动可以是连续运动也可以是间断运动，如车削时车刀的纵向或横向运动，刨平面时工件的横向移动等。

机床除上述运动外，其他运动均称为辅助运动，如进刀运动、退刀运动、分度运动、工作台的升降等。

1.1.2　切削时的工件表面

切削加工时在工件上形成三个表面，如图 1－1（a）所示：待加工面，是工

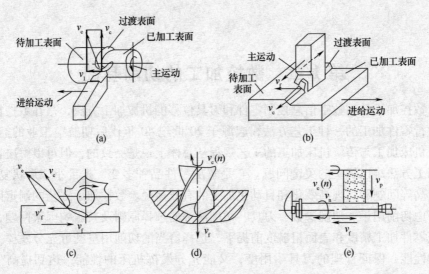

图 1 - 1　几种常见加工方法的切削运动

件上等待切除一层材料的表面；已加工表面，是工件上经切削后产生的表面；加工面，正被刀具切削的表面，它是待加工面和已加工表面之间的过渡面。

1.1.3　切削要素

切削要素包括切削用量和切削层的几何参数。

1.1.3.1　切削用量

切削用量包括切削速度、进给量与切削深度，如图 1 - 2 所示。要完成切削，这三者缺一不可，故又称为切削用量三要素。

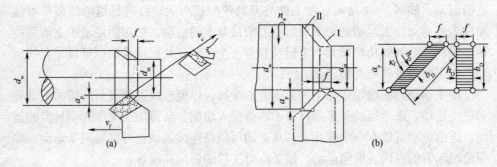

图 1 - 2　车床切削
（a）切削用量三要素　（b）切削层的参数

（1）切削速度 v_c

指主运动的线速度，单位：m/min。当主运动是旋转运动时，线速度的计算公式如下：

$$v_c = \pi dn / 1000 \qquad (1-1)$$

式中　d——刀具的回转半径，单位 mm

　　　n——工件或刀具的转速，单位 r/min

当主运动是往复直线运动时，以往复运动的平均速度作为切削速度：

$$v_c = 2Ln / 1000 \qquad (1-2)$$

式中　d——切削刃上选定点处所对应的工件或刀具的回转半径，单位 mm

　　　L——工件或刀具做往复运动的行程长度，单位 mm

（2）进给量 f（又称为走刀量）

刀具在进给运动方向上相对工件移动的距离。可用刀具或工件每转或每行程的位移量来表示。例如，车削时进给量为工件每转刀具沿进给方向的位移量，单位 mm/r，刨削时进给量指工件或刀具每往复一次，两者在进给方向的相对位移，单位 mm/str（毫米/每往复行程）。

（3）切削深度 a_p

指待加工表面与已加工表面的垂直距离。例如车削外圆时切削深度是待加工表面与已加工表面的半径差。

$$a_p = \frac{d_w - d_m}{2} \qquad (1-3)$$

式中　d_w——待加工表面直径，单位为 mm

　　　d_m——已加工表面直径，单位为 mm

1.1.3.2　切削层几何参数

在金属切削过程是通过刀具切削工件切削层而进行的。刀具或工件沿进给运动方向每移动一个进给量 f（车削）或 f_z（多齿刀具切削）即刀具的刀刃在一次走刀中从工件待加工表面所切除的金属层，称为切削层。切削层的截面尺寸被称为切削层参数，包括切削宽度、切削厚度和切削面积，它比进给量、切削深度更能直观地反映切削刃单位长度负荷以及切削刃工作长度的变化。数控加工中最常用的是数控车与数控铣两种加工方式，现以这两种加工方式为例说明切削层参数的定义。

（1）车削

车削切削层参数如图 1-3 所示，刀具车削工件外圆时，切削刃上任一点走的是一条螺旋线运动轨迹，整个切削刃切削出一条螺旋面。工件旋转一周，车刀由位置I移动到位置II，移动一个进给量 f，切下金属切削层。此点的参数是在该点并与该点主运动方向垂直的平面内度量。

1）切削层公称厚度 h_D

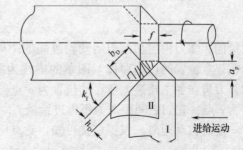

图 1-3　车削切削层参数

3

在主切削刃选定点的基面内,垂直于过渡表面的切削层尺寸,称为切削层公称厚度。

$$h_{\mathrm{D}} = f\sin\kappa_{\mathrm{r}} \qquad\qquad (1-4)$$

κ_{r}为刀具主偏角,即刀具主切削刃与进给方向的夹角。根据上式可以看出,进给量f或刀具主偏角κ_{r}增大,车削切削层厚度h_{D}增大。

2)切削层公称宽度b_{D}

在主切削刃选定点的基面内,沿过渡层表面度量的切削层尺寸,称为切削层公称宽度。

$$b_{\mathrm{D}} = a_{\mathrm{p}}/\sin\kappa_{\mathrm{r}} \qquad\qquad (1-5)$$

由上式可以看出,当背吃刀量a_{p}增大或者主偏角κ_{r}减小时,切削层公称宽度b_{D}增大。

3)切削层公称横截面积A_{D}

在主切削刃选定点的基面内,切削层的截面面积,称为切削层公称横截面积。

$$A_{\mathrm{D}} = h_{\mathrm{D}}b_{\mathrm{D}} \qquad\qquad (1-6)$$

（2）铣削

铣削的方式主要有端铣与周铣,本文以周铣的铣削方式为例讲解。铣削切削层参数如图1-4所示,铣削与车削不同,在金属切削过程中,刀具旋转,工件进给移动,保持金属的连续切削。铣刀上一般有多个刀刃,所以金属的铣削是后一刀齿在前一刀齿加工后进行切削的,因此铣削的切削层应是两把刀加工面之间的加工层,周铣的切削层参数定义如下。

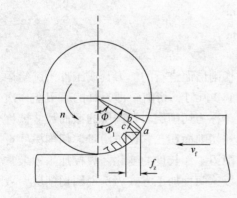

图1-4 铣削切削层参数

1)切削层公称厚度h_{D} 在基面内度量的相邻刀齿主切削刃运动轨迹间的距离。如图1-4所示,直齿圆柱铣刀刀齿在任意位置的切削厚度。图示的虚线为前刀齿加工轨迹,当现刀齿旋转Φ角时,刀齿在加工轨迹上所在的位置为a点,前刀齿在同样角度位置时加工轨迹上点为c点,它们之间距离为每齿进给量f_z,即铣刀每转一齿工件相对铣刀在进给方向上的移动距离。根据定义可知,此点切削层厚度为

$$h_{\mathrm{D}} = ab = ac\sin\Phi = f_z\sin\Phi \qquad\qquad (1-7)$$

可见,每齿进给量或Φ角的增大都将增大切削层公称厚度。而且,当$\Phi=0$时,切削层厚度为0,当$\Phi=\Phi_1$时,切削层厚度最大。

2)切削层公称宽度b_{D} 铣削的切削层公称宽度是指主切削刃与工件切削面

的接触长度（近似值）。直齿圆柱铣刀铣削的切削层宽度为

$$b_D = a_p \qquad (1-8)$$

即切削层宽度等于背吃刀量，值得注意的是，铣削的背吃刀量与一般车削所定义的不同，它是平行于铣刀轴线方向度量的被切削层尺寸，因此，对于圆周铣，背吃刀量为工件在铣刀轴线方向上被切削的尺寸。

3）切削层公称横截面积 A_D　直齿圆周铣削的公称截面面积同样为切削厚度与背吃刀量的积。

$$A_D = h_D b_D \qquad (1-9)$$

因为铣削切削层厚度是变化的，所以切削层公称横截面积也是变化的，由图 1-4 可知，当 $\Phi = 0$ 时，切削层公称横截面面积最小，为 0，$\Phi = \Phi_1$ 时，公称横截面面积最大。

1.2　切削刀具材料

在金属切削加工中，刀具材料的综合机械性能直接影响着工件的加工精度、已加工表面质量、生产效率和加工成本等。刀具材料主要指刀具切削部分的材料。金属切削时，刀具切削部分不仅要承受着很大的切削力和冲击，并受到工件及切屑的剧烈摩擦，产生很高的切削温度。刀具切削部分是在高温、高压及剧烈摩擦的恶劣条件下工作，因此刀具材料必须具备以下性能：

1）高的硬度　刀具材料的硬度必须高于被加工材料的硬度，以便在高温状态下依然可以保持其锋利，这是刀具材料应具备的最基本特征。

2）高的耐磨性　刀具材料的耐磨性是指抵抗磨损的能力。在通常情况下，刀具材料硬度越高，耐磨性也越好。刀具材料组织中碳化物越多，颗粒越细，分布越均匀，其耐磨性就越高。

3）足够的强度与韧性　在工艺上，一般用刀具材料的抗弯强度表示刀具强度的大小；用冲击韧度表示其韧性的大小，它反映刀具材料抗脆性断裂和崩刃的能力。刀具材料必须要有足够的强度和韧性，以保证切削时能承受很大的切削力和冲击力。

4）高的耐热性　刀具材料的耐热性是指刀具材料在高温下保持其切削性能的能力。耐热性越好，刀具材料在高温时抗塑性变形的能力、抗磨损的能力也越强。

5）良好的导热性　刀具材料的导热性用热导率来表示。热导率大，表示导热性好，切削时产生的热量容易传导出去，从而降低切削部分的温度，减轻刀具磨损。此外，导热性好的刀具材料其耐热冲击和抗热龟裂的性能增强，这种性能对采用脆性刀具材料进行断续切削，特别是在加工导热性能差的工件时尤为重要。

6）良好的工艺性和经济性　经济性是评价新型刀具材料的重要指标之一，刀具材料的选用应注意经济效益，力求价格低廉。

1.2.1　数控加工的特点与对刀具的要求

数控加工与普通加工相比，具有加工精度高、切削功率大、生产效率高和较高的可靠性等特点，所以对数控机床的刀具也提出了新的要求：

1）要有很高的切削效率。提高切削速度至关重要，硬质合金刀具的切削速度可达 $500 \sim 600 \text{m/min}$，陶瓷刀具可达 $800 \sim 1000 \text{m/min}$。

2）要有很高的精度和重复定位精度，一般 $3 \sim 5 \mu \text{m}$ 或者更高。

3）要有很高的可靠性和耐用度，是选择刀具的关键指标。

4）实现刀具尺寸的预调和快速换刀，缩短辅助时间提高加工效率。

5）具有完善的模块式工具系统，储存必要的刀具以适应多品种零件的生产。

6）建立完备的刀具管理系统，以便可靠、高效、有序地管理刀具系统。

7）要有在线监控及尺寸补偿系统，监控加工过程中刀具的状态，提高加工可靠度。

1.2.2　数控加工常用的刀具材料

在金属切削领域，金属切削机床的发展和刀具材料的开发是相辅相成的。刀具材料从碳素工具钢到今天的硬质合金和超硬材料（陶瓷、立方氮化硼、聚晶金刚石等）的出现，都是随着机床主轴转速提高，功率增大，主轴精度提高，机床刚性增加而逐步发展的。同时由于新的工程材料不断出现，也对切削刀具材料的发展起到了促进作用。

刀具材料的种类很多，常用的有工具钢（碳素工具钢、合金工具钢和高速钢）、硬质合金、超硬刀具材料（陶瓷、金刚石和立方氮化硼等）。碳素工具钢和合金工具钢，因耐热性差，只宜做手工刀具。陶瓷、金刚石和立方氮化硼，由于质脆、工艺性差及价格昂贵等原因，仅在较小的范围内使用。

目前最常用的刀具材料是高速钢和硬质合金。

1.2.2.1　高速钢

高速钢是一种含钨（W），钼（Mo），铬（Cr），钒（V）等合金元素较多的工具钢，它具有较好的力学性能和良好的工艺性，可以承受较大的切削力和冲击。随着材料学科的发展，高速钢刀具材料的品种已从单纯型的 W 系列发展到 WMo 系、WMoAl 系、WMoCo 系等，其中 WMoAl 系是我国特有的品种。同时，由于高速钢刀具热处理技术的进步以及成形金属切削工艺（全磨制钻头、丝锥等）的更新，使得高速钢刀具的红硬性、耐磨性和表面层质量都得到了很大的提高和改善。因此，高速钢刀具仍是数控机床用刀具的选择对象之一。

高速钢的品种繁多：按切削性能可分为普通高速钢和高性能高速钢；按化学

成分可分为钨系、钨钼系和钼系高速钢；按制造工艺不同可分为熔炼高速钢和粉末冶金高速钢。

1）普通高速钢　国内外使用最多的普通高速钢是 W6Mo5Cr4V2（M2 钼系）及 W18Cr4V（W18 钨系）钢，含碳量为 0.7% ~ 0.9%，硬度为 63 ~ 66HRC，有一定的耐磨性、高的强度和韧性，切削速度一般不高于 50 ~ 60m/min，不适合高速和硬材料切削加工。

新牌号的普通高速钢 W9Mo3Cr4V（W9）是根据我国资源情况研制的含钨量较多、含钼量较少的钨钼钢。其硬度为 65 ~ 66.5HRC，有较好硬度和韧性的配合，热塑性、热稳定性较好，焊接性能、磨削加工性能都较高，磨削效率比 M2 高 20%，表面粗糙度值也小。

2）高性能高速钢　高性能高速钢指在普通高速钢中加入一些合金，如 Co、Al 等，使其耐热性、耐磨性进一步提高，热稳定性高，但综合性能不如普通高速钢。不同牌号的高速钢只有在各自规定的切削条件下，才能达到良好的加工效果。我国正努力提高高性能高速钢的应用水平，如发展低钴高碳钢 W12Mo3Cr4V3Co5Si，含铝的超硬高速钢 W6Mo5Cr4V2Al，W10Mo4Cr4V3Al 等，提高其韧性、热塑性、导热性，其硬度可达 67 ~ 69HRC，可用于制造出口钻头、铰刀、铣刀等。

3）粉末冶金高速钢　粉末冶金高速钢的强度、韧性比熔炼钢有很大提高，可用于加工超高强度钢、不锈钢等难加工材料，常用于制造大型拉刀和齿轮刀具，特别是切削时受冲击载荷的刀具效果更好。

1.2.2.2　硬质合金

它是用高硬度、难熔的金属化合物（WC，TiC 等）微米数量级的粉末与 Co，Mo，Ni 等金属粘接剂烧结而成的粉末冶金制品。其高温碳化物含量超过高速钢，具有硬度高（大于 HRC89）、熔点高、化学稳定性好、热稳定性好等特点，但其韧性差，脆性大、承受冲击和振动能力低。其切削效率是高速钢刀具的 5 ~ 10 倍，因此，硬质合金刀具是现在主要的刀具材料。

1）普通硬质合金　常用的普通硬质合金有 WC + Co 类和 TiC + WC + Co 类两类。

钨钴（WC + Co）类（YG）：常用牌号有 YG3，YG3X，YG6，YG6X，YG8 等。此类硬质合金韧性好，但硬度和耐磨性较差，主要用于加工铸铁及有色金属。Co 含量越高，韧性越好，适合粗加工；含 Co 量少者用于精加工。

钨钴钛（TiC + WC + Co）类（YT）：常用牌号有 YT5，YT14，YT15，YT30 等。此类硬质合金硬度、耐磨性、耐热性都明显提高，但韧性、抗冲击振动性差，主要用于加工钢料。含 TiC 量多、Co 量少，耐磨性好，适合精加工；含 TiC 量少、Co 量多，承受冲击性能好，适合粗加工。

2）新型硬质合金　在上述两类硬质合金的基础上，添加某些碳化物可以使其性能提高。如在 YG 类中添加 TaC（或 NbC），可细化晶粒，提高硬度和耐磨性，还可提高合金的高温硬度、高温强度和抗氧化能力，而韧性不变，如 YG6A，YG8N，YG8P3 等。在 YT 类中添加合金，可提高抗弯强度、冲击韧性、耐热性、耐磨性及高温强度、抗氧化能力等。既可用于加工钢料，又可加工铸铁和有色金属，被称为通用合金（代号 YW）。此外，还有 TiC（或 TiN）基硬质合金（又称金属陶瓷）、超细晶粒硬质合金（如 YS2、YM051、YG610、YG643）等。

1.2.3　其他刀具材料

（1）陶瓷

常用的陶瓷刀具材料是以 Al_2O_3 或 Si_3N_4 为基体成分，在高温下烧结而成的，其硬度可达 91～95HRA，耐磨性比硬质合金高十几倍，在 1200～1450℃高温下仍能承受较高的切削速度，高温硬度可达 80HRA，在 540℃时为 90HRA，切削速度比硬质合金高 2～10 倍；具有良好的抗粘性能，因为它与多种金属的亲和力小，化学稳定性好，即使在熔化时与钢也不起相互作用，抗氧化能力强。陶瓷刀具适于加工冷硬铸铁和淬硬钢；高硬度材料及高精度零件的精加工。陶瓷最大缺点是脆性大、热导率低、抗冲击性能很差，易崩刃。

（2）超硬刀具材料

超硬刀具材料是有特殊功能的材料，是金刚石和立方氮化硼的统称，它们的硬度大大超过了硬质合金与陶瓷，用于超精加工及硬脆材料加工。它可用来加工任何硬度的工件材料，包括淬火硬度达 65～67HRC 的工具钢。超硬刀具有很高的切削性能，切削速度比硬质合金刀具提高 10～20 倍，且切削时温度低，超硬材料加工的表面粗糙度值很小，车削加工可部分代替磨削加工，经济效益显著提高。

金刚石刀具主要用于加工各种有色金属及非金属材料的高速精加工，如铝合金、铜合金、镁合金、石墨、橡胶、塑料、玻璃及聚合材料等，也用于加工钛合金、金、银、铂、各种陶瓷和水泥制品。金刚石刀具超精密加工广泛应用于加工激光扫描器和高速摄影机的扫描棱镜、特形光学零件、电视、录像机、照相机零件、计算机磁盘等。

立方结构的氮化硼，分子式为 BN，其晶体结构类似金刚石，硬度略低于金刚石，为 HV72000～98000，CBN 具有很高的硬度和耐磨性，于加工高硬度材料时具有比硬质合金及陶瓷更高的耐磨性，能减少大型零件加工中的尺寸偏差或尺寸分散性，尤其适用于自动化程度高的设备中，可以减少换刀调刀辅助时间，使其效能得到充分发挥；CBN 具有很高的热稳定性和高温硬度，它的耐热性可达 1400～1500℃，在 800℃时的硬度为 Al_2O_3/TiC 陶瓷的常温硬度，因此当切削温度较高时，会使被加工材料软化，有利于切削加工进行，而对刀具寿命影响不大；CBN 具有很高的抗氧化能力，在 1000℃ 时也不产生氧化现象，与铁系材料在 1200~1300℃ 时也不发生化学反应，有优于金刚石的热稳定性和对铁族金属的化学惰性，常用作磨料和刀具材料。

（3）涂层刀具材料

这种材料是在硬质合金或其他材料刀具基体上，采用化学气相沉积（CVD）或物理气相沉积（PVD）法涂覆一薄层耐磨性高的难熔金属（或非金属）化合物而得到的刀具材料。这种材料刀具既有基体材料的强度和韧性，又具有很高的耐磨性。

涂层刀具的镀膜可以防止切屑和刀具直接接触，减小摩擦，降低各种机械热应力。使用涂层刀具，可延长刀具寿命，减少换刀次数，提高加工精度，可缩短切削时间，降低加工成本。涂层刀具还可减少或取消切削液的使用。常用的涂层材料有 TiC，TiN，Al_2O_3 等。在切削加工中，常见的涂层均以 TiN 为主，但其在切削高硬材料时，存在着耐磨性高但强度差的问题，涂层易剥落。采用特殊性能基体，涂以 TiN、TiC 和 Al_2O_3 复合涂层，可使基体和涂层得到理想匹配，具有高抗热振性和韧性且表层高耐磨。由于涂层与基体间有一复合层，可有效提高抗崩损破坏能力，可加工各种结构钢、合金钢、不锈钢和铸铁，干切或湿切均可正常使用。超硬材料涂层刀片，可加工硅铝合金、铜合金、石墨、非铁金属及非金属，其应用范围从粗加工到精加工，寿命比硬质合金提高 10~100 倍。

1.3　切削过程中各物理现象的控制

金属切削过程是指工件上一层多余的金属被刀具切除的过程和已加工表面的形成的过程。在这个过程中始终存在着刀具与工件（金属材料）之间切削和抗切削的矛盾，并产生一系列重要现象，如形成切屑、切削力、切削热与切削温度及刀具的磨损等。研究金属切削过程中这些现象的基本理论、基本规律对提高金属切削加工的生产率和工件表面的加工质量，减少刀具的损耗关系极大。

1.3.1　切削过程中的金属变形

1.3.1.1　切屑形成过程及变形区的划分

金属切削与非金属切削不同，金属切削的特点是被切金属层在刀具的挤压、摩擦作用下产生变形以后转变为切屑和形成已加工表面。

切削变形金属的切削过程与金属的挤压过程很相似。金属材料受到刀具的作用以后，开始产生弹性变形；随着刀具继续切入，金属内部的应力、应变继续加大，当达到材料的屈服点时，开始产生塑性变形，并使金属晶格产生滑移；刀具再继续前进，应力进而达到材料的断裂强度，便会产生挤裂。塑性金属切削过程中切屑的形成过程就是切削层金属的变形过程。切削层的金属变形大致划分为三个变形区：第一变形区（剪切滑移）、第二变形区（纤维化）、第三变形区（纤维化与加工硬化）如图 1 – 5 所示。

1.3.1.2　切屑的形成及变形特点

（1）第一变形区

第一变形区即近切削刃处切削层内产生的塑性变形区，指金属的剪切滑移变形。切削层受刀具的作用，经过第一变形区的塑性变形后形成切屑。切削层受刀具前刀面与切削刃的挤压作用，使近切削刃处的金属先产生弹性变形，继而塑性变形，并同时使金属晶格产生滑移。

在图 1 – 6 中，切削层上各点移动至 OA 线均开始滑移、离开 OM 止滑移，在沿切削宽度范围内，称 OA 是始滑移面，OM 终滑移面。OA、OM 之间为第一变形区。由于切屑形成时应变速度很快、时间极短，故 OA、OM 面相距很近，一般约为 0.02 ~ 0.2mm，第一变形区就是形成切屑的变形区，其变形特点是切削层产生剪切滑移变形。

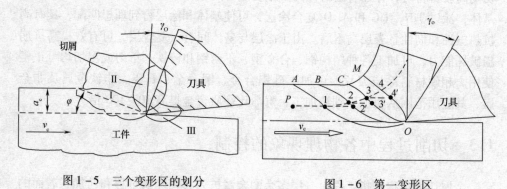

图 1 – 5　三个变形区的划分　　　　　　图 1 – 6　第一变形区

（2）第二变形区

第二变形区即与前刀面接触的切屑层产生的变形区，金属的挤压变形经过第一变形区后，形成的切屑要沿前刀面方向排出，还必须克服刀具前刀面对切屑挤压而产生的摩擦力。此时将产生挤压摩擦变形。应该指出，第一变形区与第二变形区是相互关联的。前刀面上的摩擦力大时，切屑排出不顺，挤压变形加剧，以致第一变形区的剪切滑移变形增大。

（3）第三变形区

第三变形区即近切削刃处已加工表面内产生的变形区，这个区内发生金属的挤压摩擦变形，已加工表面受到切削刃钝圆部分和后刀面的挤压摩擦，造成纤维化和加工硬化。

1.3.2　积屑瘤与鳞刺

1.3.2.1　积屑瘤

（1）积屑瘤的形成及其影响

在切削速度不高而又能形成带状切屑的情况下，加工一般钢料或铝合金等塑性材料时，常在前刀面切削处粘着一块剖面呈三角状的硬块，如图 1-7 所示，它的硬度很高，通常是工件材料硬度的 2~3 倍，这块粘附在前刀面上的金属称为积屑瘤。

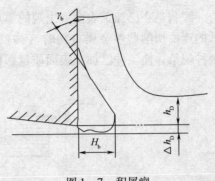

图 1-7　积屑瘤

切削时，切屑与前刀面接触处发生强烈摩擦，当接触面达到一定温度，同时又存在较高压力时，被切材料会粘结（冷焊）在前刀面上。连续流动的切屑从粘在前刀面上的底层金属上流过时，如果温度与压力适当，切屑底部材料也会被阻滞在已经"冷焊"在前刀面上的金属层上，粘成一体，使粘结层逐步长大，形成积屑瘤。

积屑瘤的产生及其成长与工件材料的性质、切削区的温度分布和压力分布有关。塑性材料的加工硬化倾向越强，越易产生积屑瘤；切削区的温度和压力很低时，不会产生积屑瘤；温度太高时，由于材料变软，也不易产生积屑瘤。对碳钢来说，切削区温度处于 300~350℃ 时积屑瘤的高度最大，切削区温度超过 500℃ 积屑瘤便自行消失。在背吃刀量 a_p 和进给量 f 保持一定时，积屑瘤高度 H_b 与切削速度 v_c 有密切关系，因为切削过程中产生的热是随切削速度的提高而增加的。

（2）积屑瘤对切削过程的影响

1）实际前角增大　积屑瘤加大了刀具的实际前角，可使切削力减小，对切削过程起积极的作用。积屑瘤越高，实际前角越大。

2）使加工表面粗糙度增大　积屑瘤的底部则相对稳定一些，其顶部很不稳定，容易破裂，一部分粘附于切屑底部而排出，一部分残留在加工表面上，积屑瘤凸出刀刃部分使加工表面切得非常粗糙，因此在精加工时必须设法避免或减小积屑瘤。

3）对刀具寿命的影响　积屑瘤粘附在前刀面上，在相对稳定时，可代替刀刃切削，有减少刀具磨损、提高寿命的作用。

积屑瘤对切削过程的影响有积极的一面，也有消极的一面。精加工时必须防止积屑瘤的产生，可采取的控制措施有：

①正确选用切削速度，使切削速度避开产生积屑瘤的区域。

②使用润滑性能好的切削液，目的在于减小切屑底层材料与刀具前刀面间的摩擦。

③增大刀具前角，减小刀具前刀面与切屑之间的压力。

④适当提高工件材料硬度，减小加工硬化倾向。

1.3.2.2 鳞刺

鳞刺是在已加工表面上出现的鳞片状反刺，如图1-8（a）所示。它是用较低的速度切削塑性金属材料时（如拉削、插齿、滚齿、螺纹切削等）常出现的一种现象，使工件已加工表面质量恶化，表面粗糙度值增大。

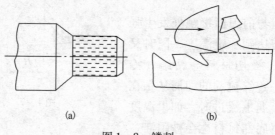

(a)   (b)

图1-8　鳞刺

鳞刺生成的原因是由于部分金属材料的砧结层积，而导致即将切离的切屑根部发生断裂，在已加工表面层留下金属被撕裂的痕迹［图1-8（b）］。与积屑瘤相比，鳞刺产生的频率较高。

影响鳞刺的主要因素有：切削速度、切削深度、刀具的前角、工件的材质和切削液。

1）切削速度　切削速度主要是通过切削温度来影响鳞刺，温度在一定范围时，刀和屑间的摩擦因数最大，容易产生切削层的层积，切削速度是影响切削温度的主要因素，在某一适中切削速度范围内容易形成鳞刺。通过实践发现，切削速度低时，开始出现鳞刺但高度较小，鳞刺的高度随着切削速度的提高而增大，达到一定速度时便减小，最后消失。

2）切削厚度　如果在同一切削速度下，切削厚度增大时，切削温度和力及与切屑接触长度随之增大，因此，鳞刺形成及高度随着切削厚度增大而增大。

3）刀具的前角　刀具的前角增大时，前刀面上的法向力减小，切削温度降低，切屑变形减小，当切削速度低时，鳞刺的高度随前角增大而下降，但切削速度高时，随着切削温度的升高，鳞刺的高度却随着前角增大而增大。

4）材质　在实践中发现，在较低的切削速度下，经过调质处理的工件，切削后鳞刺较大；正火处理的工件较小。但在较高的切削速度下，情况完全不一样，经调质处理的工件产生鳞刺高度较小，正火退火处理的工件较高。

5）切削液及其他　切削液的使用，可以有效控制切削温度，减少摩擦，采用润滑冷却性能很好的切削液可以防止和抑制鳞刺产生和生长。选用与工件材料化学亲和性差的刀具材料，也可以抑制鳞刺产生。

1.3.3　切削力与切削功

1.3.3.1　切削力的来源及合力

金属切削时，刀具切入工件使被切金属层发生变形成为切屑所需要的力称为切削力。研究切削力对刀具、机床、夹具的设计和使用都具有很重要的意义。金属切削时，力来源于两个方面，其一是克服在切屑形成过程中工件材料对弹性变形和塑性变形的变形抗力，其二是克服切屑与前刀面和后刀面的摩擦阻力。变形力和摩擦力形成了作用在刀具上的合力 F。在切削时合力 F 作用在切削刃空间某个方向，由于大小与方向都不易确定，因此为了便于测量、计算和反映实际作用的需要，常将合力 F 分解为互相垂直的 F_c、F_f 和 F_p 三个分力，如图 1-9 所示。

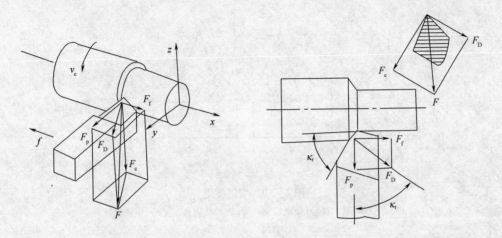

图 1-9 切削合力及其分力

$$F = \sqrt{F_c^2 + F_p^2} = \sqrt{F_c^2 + F_f^2 + F_p^2} \qquad (1-10)$$

式中 切削力 F_c——在主运动方向上的分力

　　进给力 F_f——在进给运动方向上的分力

　　背向力 F_p——在垂直于工作平面上的分力

1.3.3.2 切削功率的计算

在切削加工过程中，所需的切削功率 P_c（kW）可以按下式计算：

$$P_c = 10^3 \left(F_c \cdot v_c + \frac{F_f \cdot v_f}{1000} \right) \qquad (1-11)$$

式中 F_c、F_f——主切削力和进给力（N）

　　v_c——切削速度（m/s）

　　v_f——进给速度（mm/s）

一般情况下，F_f 小于 F_c，且 F_f 方向的速度很小，因此 F_f 所消耗的功率远小于 F_c，可以忽略不计。切削功率计算式可简化为：

$$P_c = 10^3 \cdot F_c \cdot v_c \qquad (1-12)$$

根据上式求出切削功率，可按下式计算机床电动机功率 P_E：

$$P_E = \frac{P_c}{\eta} \qquad (1-13)$$

式中 η_c——机床传动效率，一般取 $\eta_c = 0.75 \sim 0.85$

1.3.4 切屑的种类与控制

1.3.4.1 切屑的种类

由于工件材料不同，切削条件各异，切削过程中生成的切屑形状是多种多样的。切屑的形状主要分为带状、节状、粒状和崩碎四种类型，如图 1-10 所示。

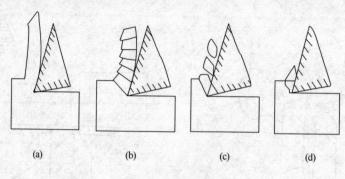

图 1-10 切屑类型

（a）带状切屑 （b）节状切屑 （c）粒状切屑 （d）崩碎切屑

1）带状切屑 ［图 1-10（a）］ 它的内表面是光滑的，外表面呈毛茸状。加工塑性金属时，在切削厚度较小、切削速度较高、刀具前角较大的工况条件下常形成此类切屑。

2）节状切屑 ［图 1-10（b）］ 又称挤裂切屑。它的外表面呈锯齿形，内表面有时有裂纹。在切削速度较低、切削厚度较大、刀具前角较小时常产生此类切屑。

3）粒状切屑 ［图 1-10（c）］ 又称单元切屑。在切屑形成过程中，如剪切面上的剪切应力超过了材料的断裂强度，切屑单元从被切材料上脱落，形成粒状切屑。

4）崩碎切屑 ［图 1-10（d）］ 加工脆性材料，切削厚度越大越易得到这类切屑。

前三种切屑是加工塑性金属时常见的切屑类型。形成带状切屑时，切削过程最平稳，切削力波动小，已加工表面粗糙度较小；形成粒状切屑时切削过程中的切削力波动最大。前三种切屑类型可以随切削条件变化而相互转化，例如，在形成节状切屑工况条件下，如进一步减小前角、降低切削速度或加大切削厚度，就有可能得到粒状切屑；反之，加大前角、提高切削速度或减小切削厚度，就可得到带状切屑。

1.3.4.2 切屑的控制

切屑经第Ⅰ、第Ⅱ变形区的剧烈变形后，硬度增加，塑性下降，性能变脆。

在切屑排出过程中，当碰到刀具后刀面、工件上过渡表面或待加工表面等障碍时，如某一部位的应变超过了切屑材料的断裂应变值，切屑就会折断。研究表明，工件材料脆性越大（断裂应变值小）、切屑厚度越大、切屑卷曲半径越小，切屑就越容易折断。可采取以下措施对切屑实施控制：

1）采用断屑槽　通过设置断屑槽对流动中的切屑施加一定的约束力，使切屑应变增大，切屑卷曲半径减小。

2）改变刀具角度　增大刀具主偏角 κ_r，切削厚度变大，有利于断屑。减小刀具前角 γ_0 可使切屑变形加大，切屑易于折断。刃倾角 λ_s 可以控制切屑的流向，λ_s 为正值时，切屑常卷曲后碰到后刀面折断形成 C 形屑或自然流出形成螺卷屑。λ_s 为负值时，切屑常卷曲后碰到已加工表面折断成 C 形屑或 6 字形屑。

3）调整切削用量　提高进给量 f 使切削厚度增大，对断屑有利；但增大 f 会增大加工表面粗糙度。适当地降低切削速度使切削变形增大，也有利于断屑，但这会降低材料切除效率。须根据实际条件适当选择切削用量。

1.3.5　刀具的磨损与耐用度

进行金属切削加工时，刀具一方面将切屑切离工件，另一方面自身也要发生磨损或破损。磨损是连续的、逐渐的发展过程。

1.3.5.1　刀具的磨损形式

刀具的磨损形式有以下三种，如图 1 - 11 所示。

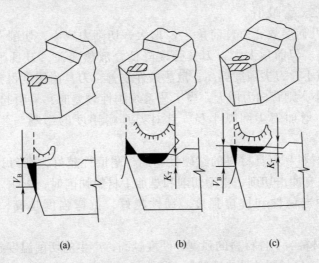

图 1 - 11　刀具磨损形式

（a）后刀面磨损　（b）前刀面磨损　（c）前后刀面同时磨损

（1）前刀面磨损

切削塑性材料时，如果切削速度和切削厚度较大，刀具前刀面上会形成月牙

15

洼磨损。它是以切削温度最高点的位置为中心开始发生，然后逐渐向前向后扩展，深度不断增加。当月牙洼发展到其前缘与切削刃之间的棱边变得很窄时，切削刃强度降低，容易导致切削刃破损。前刀面月牙洼磨损值以其最大深度 K_T 表示。

（2）后刀面磨损

后刀面与工件表面实际上接触面积很小，所以接触压力很大，存在着弹性和塑性变形，因此，磨损就发生在这个接触面上。在切铸铁和以较小的切削厚度切削塑性材料时，主要也是发生这种磨损。

（3）前后刀面同时磨损

在常规条件下，加工塑性金属常常出现图 1 – 11（c）所示的前后刀面同时的磨损情况。

1.3.5.2　刀具耐用度

（1）定义

刀具的耐用度是指刀具从刃磨后开始切削，一直到磨损量达到磨钝标准为止所经过的总切削时间 T，单位为 min。刀具耐用度 T 不包括对刀、测量、快进、回程等非切削时间。

（2）影响刀具耐用度的因素

1）切削用量　切削用量是影响刀具耐用度的一个重要因素。切削用量三要素对刀具耐用度的影响程度为：v_c、f、a_p 增大，刀具耐用度 T 减小，其中 v_c 影响最大，f 次之，a_p 最小。

2）刀具几何参数　刀具前角　γ_0 增大，切削力减小，切削温度降低，刀具耐用度提高。但前角太大，刀具强度降低，散热变差，刀具耐用度反而降低；主偏角减小，刀尖强度提高，散热条件改善，刀具耐用度得到提高。但是主偏角 κ_r 太小，则背向力增大，当工艺系统刚性较差时，易引起振动。另外，减小副偏角，增加刀尖圆弧半径，其对刀具耐用度的影响与主偏角减小时相同。

3）刀具材料　刀具材料的红硬性越高，耐磨性越好，则刀具耐用度就越高。但是，在有冲击切削、重型切削和难加工材料切削时，影响刀具耐用度的主要因素为冲击韧性和抗弯强度。韧性越好，抗弯强度越高，刀具耐用度越高。

4）工件材料　工件材料的强度、硬度越高，产生的切削温度越高，则刀具耐用度越低；工件材料的导热性越低，切削温度越高，刀具耐用度越低。

1.4　切削刀具几何参数

切削刀具种类很多，如车刀、刨刀、铣刀和钻头等。它们几何形状各异，复杂程度不等，但它们切削部分的结构和几何角度都具有许多共同的特征，其中车刀是最常用、最简单和最基本的切削工具，因而最具有代表性。因此研究金属切削工具时，通常以车刀为例进行研究和分析。

1.4.1 刀具构造

车刀由切削部分、刀柄两部分组成。切削部分承担切削加工任务，刀柄用以装夹在机床刀架上。切削部分是由一些面、切削刃组成。我们常用的外圆车刀是由一个刀尖、两条切削刃、三个刀面组成的，见图 1-12 所示。

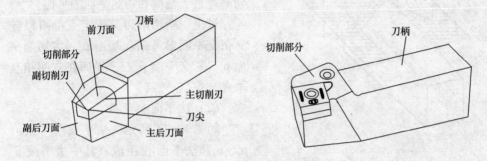

图 1-12 车刀的组成

1.4.1.1 刀面

1) 前刀面 A_γ 刀具上切屑流过的表面；

2) 后刀面 A_α 与工件上切削表面相对的刀面；

3) 副后刀面 A'_α 与已加工表面相对的刀面。

1.4.1.2 切削刃

1) 主切削刃 S 前刀面与后刀面的交线，承担主要的切削工作；

2) 副切削刃 S' 前刀面与副后刀面的交线，承担少量的切削工作；

3) 刀尖是主、副切削刃相交的一点，实际上该点不可能磨得很尖，而是由一段折线或微小圆弧组成，微小圆弧的半径称为刀尖圆弧半径。

1.4.2 刀具的几何参数

为了便于确定车刀上的几何角度，常选择某一参考系作为基准，通过测量刀面或切削刃相对于参考系坐标平面的角度值来反映它们的空间方位。

1.4.2.1 刀具标注角度参考系

刀具标注角度参考系有正交平面参考系、法平面参考系和假定工作平面参考系三种。

（1）正交平面参考系

如图 1-13 所示，正交平面参考系由以下三个平面组成：

基面 p_r 是过切削刃上某选定点平行或垂直于刀具在制造、刃磨及测量时适合于安装或定位的一个平面或轴线，一般来说其方位要垂直于假定的主运动方向。车刀的基面都平行于它的底面。

主切削平面 p_s 是过切削刃某选定点与主切削刃相切并垂直于基面的平面。

正交平面 p_o 是过切削刃某选定点并同时垂直于基面和切削平面的平面。

过主、副切削刃某选定点都可以建立正交平面参考系。基面 p_r、主切削平面 p_s、正交平面 p_o 三个平面在空间相互垂直。

（2）法平面参考系

如图 1 – 14 所示，法平面参考系由 p_r、p_s 和法平面 p_n 组成。其中法平面 p_n 是过切削刃某选定点垂直于切削刃的平面。

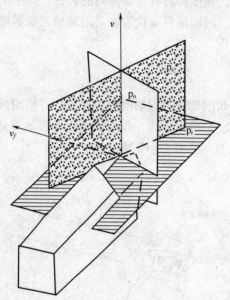

图 1 – 13　正交平面参考系

（3）假定工作平面参考系

如图 1 – 15 所示，假定工作平面参考系由 p_r、p_f 和 p_p 组成。假定工作平面 p_f

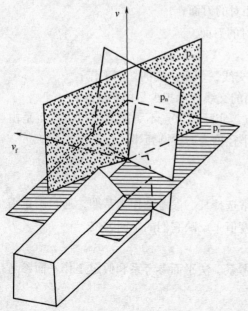

图 1 – 14　法平面参考系

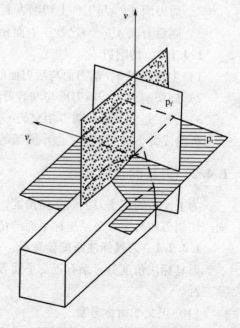

图 1 – 15　假定工作平面参考系

是过切削刃某选定点平行于假定进给运动并垂直于基面的平面。背平面 p_p 是过切削刃某选定点既垂直于假定进给运动又垂直于基面的平面。

刀具设计时标注、刃磨、测量角度最常用的是正交平面参考系。

1.4.2.2　刀具工作角度参考系

刀具工作角度参考系是刀具切削工作时角度的基准（不考虑假设条件），在此基准下定义的刀具角度称刀具工作角度。它同样有正交平面参考系、法平面参考系和假定工作平面参考系。

1.4.2.3　刀具标注角度定义

刀具标注角度定义如图 1-16 所示。

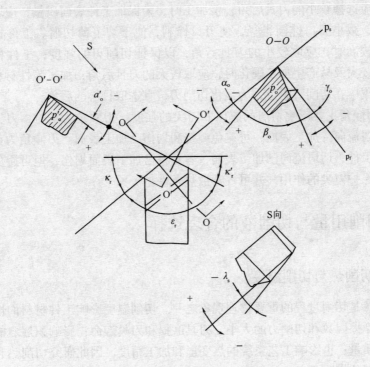

图 1-16　车刀的几何角度

（1）在基面内测量的角度

主偏角 κ_r　主切削刃与进给运动方向之间的夹角。

副偏角 κ_r'　副切削刃与进给运动反方向之间的夹角。

（2）在主切削刃正交平面内（O-O）测量的角度

前角 γ_o　前刀面与基面间的夹角。

后角 α_o　后刀面与切削平面间的夹角。

（3）在切削平面内（S 向）测量的角度

刀倾角 λ_s　主切削刃与基面间的夹角。

1.4.3　切削刀具参数的选择

1）前角的选择　刀具的前角主要影响切屑变形和切削力的大小及刀具耐用度和加工表面质量的高低。增大前角使切削变形和摩擦减小，故切削力小、切削热少，从而提高刀具寿命和已加工表面质量。加工塑性材料时，为减小切屑变形和刀具磨损，应选取较大前角；加工脆性材料时，为保证切削刃有足够的强度，应选取较小前角。

2）后角的主要功用是减小刀具后刀面与过渡表面和已加工表面之间的摩擦。粗加工时，因切削厚度大，切削力大，切削温度也高，为保证刀具强度，改善散热条件，应选择较小的刀具后角；精加工时，为保证工件表面质量，应取较大的刀具后角，减小刃口钝圆半径，使刃口锋利，便于切下薄切屑。工件材料的强度、硬度较高时，应取较小的刀具后角，以保证切削刃的强度；工件材料硬度低、塑性较大及易产生加工硬化时，应取较大的刀具后角；加工脆性材料时，切削力主要集中在切削刃附近，为强化切削刃，宜选取较小的后角。

3）刃倾角主要影响切屑的流向和刀尖的强度。刃倾角为正时，刀尖先接触工件，切屑流向待加工表面，可避免缠绕和划伤已加工表面。刃倾角为负时，刀尖后接触工件，切屑流向已加工表面，容易将已加工表面划伤，但可避免刀尖受冲击，起保护刀尖的作用，并可改善散热条件。

1.5　切削用量与切削液的合理选择

1.5.1　切削热与切削温度

切削热是切削过程的重要物理现象之一。切削温度影响工件材料的性能、前刀面上的摩擦因数和切削力的大小、刀具磨损和刀具寿命；影响积屑瘤的产生和加工表面质量；也影响工艺系统的热变形和加工精度。因此研究切削热和切削温度具有重要的实际意义。

1.5.1.1　切削热的产生和传出

切削过程中所消耗的能量有98%～99%转换为热能，因此可以近似地认为单位时间内所产生的切削热为：

$$Q = F_c \cdot v_c \tag{1-14}$$

式中　Q——单位时间内产生的切削热（J/s）

切削区域产生的切削热，在切削过程中分别由切屑、工件、刀具和周围介质向外传导出去，例如在空气冷却条件下车削时，切削热50%～86%由切屑带走，10%～40%传入工件，3%～9%传入刀具，1%左右通过辐射传入空气。

切削温度是指前刀面与切屑接触区内的平均温度，它是由切削热的产生与传出的平衡条件所决定的。产生的切削热越多，传出的越慢，切削温度越高。反之，切削温度就越低。凡是增大切削力和切削功率的因素都会使切削温度上升。而有利于切削热传出的因素都会降低切削温度。

1.5.1.2　切削温度的分布

在切削过程中，切屑、刀具和工件上不同部位的切削温度分布是不均匀的，在前刀面和后刀面上，最高温度点都不在切削刃上，而是在离切削刃有一定距离的地方。这是摩擦热沿前刀面不断增加的缘故。在靠近前刀面的切屑底层上，温度变化很大，说明前刀面上的摩擦热集中在切屑底层。在已加工表面上，较高温度仅存在切削刃附近的一个很小的范围，说明温度的升降是在极短的时间内完成的。

1.5.1.3　影响切削温度的主要因素

（1）工件材料

工件材料的强度、硬度越高，切削时消耗的功就越多，产生的切削热越多，切削温度就越高。工件材料的热导率越大，通过切屑和工件传出的热量越多，切削温度下降越快。

（2）刀具几何参数

前角增大，切削层变形小，产生的热量少，切削温度降低；但过大的前角会减少散热体积，当前角大于 $20° \sim 25°$ 时，前角对切削温度的影响减少。主偏角减小，使切削宽度增大，散热面积增加，切削温度下降。

（3）切削用量

对切削温度影响最大的切削用量是切削速度，其次是进给量，而背吃刀量的影响最小，这是因为当切削速度 v_c 增加时，单位时间内参与变形的金属量增加而使消耗的功率增大，提高了切削温度；当 f 增加时，切屑变厚，由于切屑带走的热量增多，故切削温度上升不甚明显；当 a_p 增加时，产生的热量和散热面积同时增大，故对切削温度的影响也小。

（4）其他因素

刀具后刀面磨损量增大时，加剧了刀具与工件间的摩擦，使切削温度升高，切削速度越高，刀具磨损对切削温度的影响就越显著。浇注切削液对降低切削温度、减少刀具磨损和提高已加工表面质量有明显的效果。切削液的润滑作用可以减少摩擦，减小切削热的产生。

1.5.2　切削用量的选择

合理的选择切削用量，能够保证工件加工质量，提高切削效率，延长刀具使用寿命和降低加工成本。切削用量的选择主要考虑以下几个方面。

（1）背吃刀量 a_p（mm）的选择

背吃刀量 a_p 根据加工余量和工艺系统的刚度确定。在机床、工件和刀具刚度允许的情况下，a_p就等于加工余量，这是提高生产率的一个有效措施。为了保证零件的加工精度和表面粗糙度，一般应留一定的余量进行精加工。CNC 机床的精加工余量可略小于普通机床。具体选择如下：

1）粗加工时，在留下精加工、半精加工的余量后，尽可能一次走刀将剩下的余量切除；若工艺系统刚性不足或余量过大不能一次切除，也应按先多后少的不等余量法加工。第一刀的 a_p 应尽可能大些，使刀口在里层切削，避免工件表面不平及有硬皮的铸锻件。当冲击载荷较大（如断续表面）或工艺系统刚度较差（如细长轴、镗刀杆、机床陈旧）时，可适当降低 a_p，使切削力减小。

2）精加工时，a_p 应根据粗加工留下的余量确定，采用逐渐降低 a_p 的方法，逐步提高加工精度和表面质量。一般精加工时，取 $a_p = 0.05 \sim 0.8\text{mm}$；半精加工时，取 $a_p = 1.0 \sim 3.0\text{mm}$。

（2）切削宽度 L（mm）

一般 L 与刀具直径 d 成正比，与切削深度成反比。在数控加工中，一般 L 的取值范围为：$L = (0.6 \sim 0.9) d$。

（3）进给量（进给速度）f（mm/min 或 mm/r）的选择

进给量（进给速度）是 CNC 机床切削要素中的重要参数，根据零件的表面粗糙度、加工精度要求刀具及工件材料等因素，参考切削用量手册选取。

（4）切削速度 v_c（m/min）的选择

根据已经选定的背吃刀量、进给量及刀具耐用度选择切削速度。可用经验公式计算，也可根据生产实践经验在机床说明书允许的切削速度范围内查表选取或者参考有关切削用量手册选用。在选择切削速度时，还应考虑：应尽量避开积屑瘤产生的区域；断续切削时，为减小冲击和热应力，要适当降低切削速度；在易发生振动的情况下，切削速度应避开自激振动的临界速度；加工大件、细长件和薄壁工件时，应选用较低的切削速度；加工带外皮的工件时，应适当降低切削速度；工艺系统刚性差的，应减小切削速度。

（5）主轴转速 n（r/min）

主轴转速一般根据切削速度 v_c 来选定。计算公式为：

$$n = 1000v_c / \pi D \tag{1-15}$$

式中　D——工件或刀具直径（mm）

1.5.3　切削液的种类及选择

1.5.3.1　切削液的作用

切削液进入切削区，可以改善切削条件，提高工件加工质量和切削效率。与切削液有相似功效的还有某些气体和固体，如压缩空气、二硫化钼和石墨等。切削液的主要作用如下：

1）冷却作用　切削液能从切削区域带走大量切削热，从而降低切削温度。

切削液的冷却性能的好坏，取决于它的导热系数、比热容、汽化热、汽化速度、流量和流速等。

2）润滑作用　切削液能渗入到刀具与切屑和加工表面之间，形成一层润滑膜或化学吸附膜，以减小它们之间的摩擦。切削液润滑的效果主要取决于切削液的渗透能力、吸附成膜的能力和润滑膜的强度等。

3）清洗作用　切削液大量的流动，可以冲走切削区域和机床上的细碎切屑和脱落的磨粒。清洗性能的好坏，主要取决于切削液的流动性、使用压力和切削液的油性。

4）防锈作用　在切削液中加入防锈剂，可在金属表面形成一层保护膜，对工件、机床、刀具和夹具等都能起到防锈作用。防锈作用的强弱，取决于切削液本身的成分和添加剂的作用。

1.5.3.2　常用切削液的种类与选用

1）水溶液　它的主要成分是水，其中加入了少量的有防锈和润滑作用的添加剂。水溶液的冷却效果良好，多用于普通磨削和其他精加工。

2）乳化液　它是将乳化油（由矿物油、表面活性剂和其他添加剂配成）用水稀释而成，用途广泛。低浓度的乳化液冷却效果较好，主要用于磨削、粗车、钻孔加工等。高浓度的乳化液润滑效果较好，主要用于精车、攻丝、铰孔、插齿加工等。

3）切削油　它主要是矿物油（如机械油、轻柴油、煤油等），少数采用动植物油或复合油。普通车削、攻丝时，可选用机油。精加工有色金属或铸铁时，可选用煤油。加工螺纹时，可选用植物油。在矿物油中加入一定量的油性添加剂和极压添加剂，能提高其高温、高压下的润滑性能，可用于精铣、铰孔、攻丝及齿轮加工。

习题一

1-1　简述数控机床的运动。

1-2　刀具材料必须具备哪些性能？

1-3　改善金属材料切削加工性能的途径有哪些？

1-4　什么叫积屑瘤，对金属的切削加工有何影响？

1-5　常见的切屑有哪几种，各有什么特点？

1-6　简述刀具主、副偏角的选择原则。

1-7　影响切削温度的因素有哪些？其变化有何规律？

1-8　切削用量包括哪几项？如何选用切削用量？

1-9　常用的切削液有哪几种，如何选择？

第2章　工件的装夹基础

机床夹具是机床上用以装夹工件（和引导刀具）的一种装置，其作用是将工件定位，以使工件获得相对于机床和刀具的正确位置，并把工件可靠地夹紧。

正确并合理地使用机床夹具，是保证加工质量和提高效率，从而降低成本的重要技术环节之一，同时也是扩大各种机床使用范围必不可少的手段。

本章将着重介绍工件在数控机床上的定位与装夹。

2.1　机床夹具概述

2.1.1　夹具的基本概念

2.1.1.1　夹具的定义及组成

从广义上来说，为了使工艺过程的任何工序保证质量，提高生产率、减轻工人劳动强度及工作安全等的一切附加装置都称为夹具。机床夹具是将工件进行定位、夹紧，将刀具进行导向或对刀，以保证工件和刀具间的相对位置关系的附加装置，简称夹具。将刀具在机床上进行定位、夹紧的装置，称为辅助工具。

例如，图2-1所示为套筒零件的简图，用的是图2-2所示的专用钻床夹具完成。工件以内孔和端面在定位销上定位，旋紧螺母，通过开口垫圈将工件夹紧，然后由装在

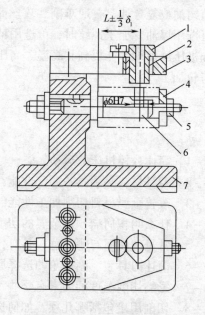

图2-2　套筒钻夹具
1—快换钻套　2—衬套　3—钻模板　4—开口
垫圈　5—螺母　6—定位销　7—夹具体

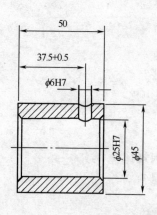

图2-1　套筒零件简图

钻模板上的快换钻套引导钻头或铰刀进行钻孔或铰孔。

虽然机床夹具的种类繁多，但它们的组成均可概括为下面五个部分。

（1）定位元件

定位元件的作用是确定工件在夹具中的正确位置。

在图 2 - 2 中，夹具上的定位销 6 及其端面是定位元件，通过它们使工件在夹具中占据正确的位置。

（2）夹紧装置

夹紧装置的作用是将工件夹紧夹牢，保证工件在加工过程中位置不变。夹紧装置包括夹紧元件或其组合以及动力源。图 2 - 2 中的螺杆（与圆柱销合成的一个零件）、螺母 5 和开口垫圈 4 组成了夹紧装置。

（3）对刀及导向装置

对刀及导向装置的作用是迅速确定刀具与工件间的相对位置，防止加工过程中刀具的偏斜。图 2 - 2 中的钻套 1 与钻模板 3 就是为了引导钻头而设置的导向装置。

（4）夹具体

夹具体是机床夹具的基础件，如图 2 - 2 中的件 7，通过它将夹具的所有部分连接成一个整体。

（5）其他装置或元件

机床夹具除有上述五部分外，还有一些根据需要设置的其他装置或元件，如分度装置、夹具与机床之间的连接元件等。

2.1.1.2　夹具的作用

（1）保证加工精度

用夹具装夹工件时，工件相对于刀具（或机床）的位置由夹具来保证，基本不受工人技术水平的影响，因而能较容易、较稳定地保证工件的加工精度。

（2）提高劳动生产率

采用夹具后，工件不需要划线找正，装夹方便迅速，可显著地减少辅助时间，提高劳动生产率。

（3）扩大机床的使用范围

使用专用夹具可以改变机床的用途和扩大机床的适用范围。

（4）改善劳动条件、保证生产安全

使用专用机床夹具可减轻工人的劳动强度，改善劳动条件，降低对工人操作技术水平的要求，保证安全。

2.1.2　夹具的分类

机床夹具可以从不同的角度来分类。按照夹具的通用程度和使用范围，可将其分为如下几类。

（1）通用夹具

通用夹具一般作为通用的附件提供，使用时无需调整或稍加调整就能适应多种工件的装夹，如车床上的三爪卡盘、四爪卡盘、顶针等，铣床上的平口虎钳、分度头、回转工作台等；平面磨床上的电磁吸盘等。这类夹具通用性强，因而广泛应用于单件小批生产中。

（2）专用夹具

专用夹具是为某一特定工件的特定工序专门设计制造的，因而不必考虑通用性。通用夹具可以按照工件的加工要求设计得结构紧凑、操作迅速、方便、省力，以提高生产效率。但专用夹具设计制造周期较长，成本较高，当产品变更时无法使用。因而这类夹具适用于产品固定的成批及大量生产中。

（3）通用可调夹具与成组夹具

通用可调夹具与成组夹具的结构比较相似，都是按照经过适当调整可多次使用的原理设计的。在多品种、小批量的生产组织条件下，使用专用夹具不经济，而使用通用夹具不能满足加工质量或生产率的要求，这时应采用这两类夹具。

通用可调夹具与成组夹具都是把加工工艺相似，形状相似，尺寸相近的工件进行分类或分组，然后按同类或同组的工件统筹考虑设计夹具，其结构上应有可供更换或调整的元件，以适应同类或同组内的不同工件。

这两种夹具的区别是：通用可调夹具的加工对象不很确定，其可更换或可调整部分的设计应有较大的适应性；而成组夹具是按成组工艺的分组，为一组工件而设计的，加工对象较确定，可调范围能适应本组工件即可。

采用这两种夹具的可以显著减少专用夹具数量，缩短生产准备周期，降低生产成本，因而在多品种，小批量生产中得到广泛地应用。

（4）组合夹具

组合夹具是由一套预先制造好的标准元件组装而成的专用夹具。这套标准元件及由其组成的合件包括：基础件、支承件、定位件、导向件、夹紧件、紧固件等。它们是由专业厂生产供应的，具有各种不同形状、尺寸、规格，使用时可以按工件的工艺要求组装成所需的夹具。组合夹具用过之后可方便的拆开、清洗后存放，待组装新的夹具。因此，组合夹具具有缩短生产准备周期，减少专用夹具品种，减少存放夹具的库房面积等优点，很适合新产品试制或单件小批生产。

2.1.3　工件在夹具中加工时加工误差的组成

图2-3表示了工件在夹具中加工时的加工误差，由三部分组成。

1）安装误差　工件在夹具中的定位和夹紧误差。

2）对定误差　包括刀具的导向或对刀误差即夹具与刀具的相对位置误差和夹具在机床上的定位和夹紧误差即夹具与机床的相对位置误差。

3）加工过程误差　如加工方法的原理误差，工艺系统的受力变形、工艺系统的受热变形、工艺系统各组成部分（如机床、刀具、量具等）的静态精度和磨损等。

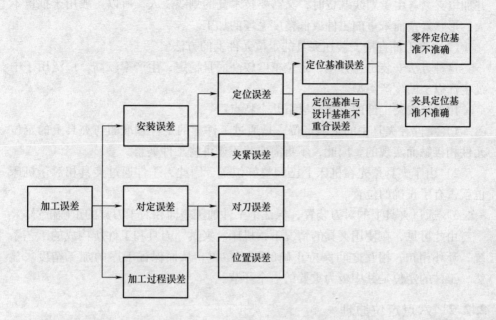

图 2 - 3　工件在夹具中加工时加工误差的组成

2.2　工件的定位

2.2.1　工件的安装

在设计机械加工工艺规程时，要考虑的最重要的问题之一是怎样将工件安装（又称装夹）在机床上或夹具中。这里安装有两个含义，即定位和夹紧。

工件在机床上加工时，首先要把工件安放在机床工作台上或夹具中，使它和刀具之间有相对正确的位置，这个过程称为定位。工件定位后，应将工件固定，使其在加工过程中保持定位位置不变，这个过程称为夹紧，工件从定位到夹紧的整个过程称为安装。正确的安装是保证工件加工精度的重要条件。

当零件较复杂、加工面较多时，需要经过多道工序的加工，其位置精度取决于工件的安装方式和安装精度。工件常用的安装方法如下。

（1）直接找正安装

用划针、百分表等工具直接找正工件位置并加以夹紧的方法称直接找正安装法。此法生产率低，精度取决于工人的技术水平和测量工具的精度，一般只用于单件小批生产。

（2）划线找正安装

先用划针画出要加工表面的位置，再按划线用划针找正工件在机床上的位置并加以夹紧。由于划线既费时，又需要技术高的划线工人，所以一般用于批量不大，形状复杂而笨重的工件或低精度毛坯的加工。

（3）将工件直接安装在夹具的定位元件上的方法

这种方法安装迅速方便，定位精度较高而且稳定，生产率较高，广泛用于中批生产以上的生产类型。

用夹具安装工件的方法有以下几个特点：

1）工件在夹具中的正确定位，是通过工件上的定位基准面与夹具上的定位元件相接触而实现的。因此，不再需要找正便可将工件夹紧。

2）由于夹具预先在机床上已调整好位置，因此，工件通过夹具相对于机床也就占有了正确的位置。

3）通过夹具上的对刀装置，保证了工件加工表面相对于刀具的正确位置。

由此可见，在使用夹具的情况下，机床、夹具、刀具和工件所构成的工艺系统，环环相扣，相互之间保持正确的加工位置，从而保证工序的加工精度。显然，工件的定位是其中极为重要的一个环节。

2.2.2 六点定位原理

工件在未定位前，可以看成是空间直角坐标系中的自由物体，它可以沿与三个坐标轴平行的方向放在任意位置，即具有沿着三个坐标轴移动的自由度，记为 $\vec{x}$、$\vec{y}$、$\vec{z}$（如图 2-4 所示）；同样，工件沿三个坐标轴转角方向的位置也是可以任意放置的，即具有绕三个坐标轴转动的自由度，记为 $\hat{x}$、$\hat{y}$、$\hat{z}$。因此，要使工件在夹具中占有一致的正确位置，就必须对工件的自由度加以限制。

在实际应用中，通常用一个支承点（接触面积很小的支承钉）限

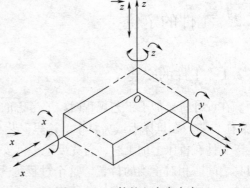

图 2-4　工件的六个自由度

制工件一个自由度，这样，用空间合理布置的六个支承点限制工件的六个自由度，使工件的位置完全确定，称为"六点定位规则"，简称"六点定则"。例如图 2-5（a）所示长方体，在其底面布置 3 个不共线的支承点 1、2、3，限制 $\hat{x}$，$\hat{y}$，$\vec{z}$ 三个自由度；在侧面布置两个支承点 4、5，限制 $\vec{y}$、$\hat{z}$ 两个自由度，并在端面布置一个支承点 6，限制 $\hat{x}$ 自由度。即用图 2-5（b）的定位方式可限制长方体的 6 个自由度。

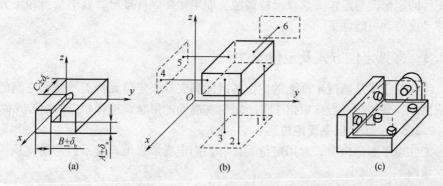

图 2-5 长方体定位时支承点的分布

必须注意：六个支承点的位置必须合理分布，否则不能有效地限制六个自由度。如上例中，xOy 平面的三个支承点应成三角形分布，且三角形面积越大，定位越稳定。xOz 平面上的两个支承点的连线不能与 xOy 平面垂直，否则不能限制 $\hat{z}$ 自由度。

例如在图 2-6 所示圆环形工件上钻孔，要求保证所钻孔的轴线至左端面 A 的距离并与端面平行，保证与大孔轴线正交且通过键槽的对称中心。现用图 2-6（c）所示的定位方案，工件端面 A 与夹具短圆柱销 B 的台阶面接触，限制 $\hat{y}$、$\hat{x}$、$\hat{z}$ 三个自由度；工件内孔与短圆柱销外圆配合，限制 $\vec{x}$、$\vec{z}$ 两个自由度；嵌入键槽的销 C 限制 $\hat{y}$ 自由度。这样，相当于用六个支承点限制了工件的六个自由度。

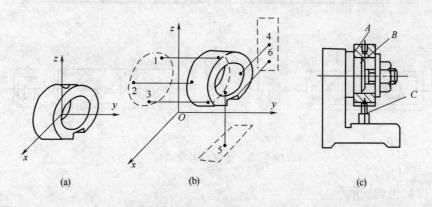

图 2-6 圆环形工件的六点定位

对于工件的定位，可能会有两种误解，其一是工件只要被夹紧，其位置不能移动了，就定位了。我们讲的工件定位，是指一批工件在夹紧前要占有一致的、正确的位置（暂不考虑定位误差的影响）。而工件在任何位置均可被夹紧，并没有保证一批工件在夹具中的一致位置。其二是工件定位后，仍具有与定位支承相反方向的移动或转动可能。这是没有注意到定位原理中所称的限制自由度，必须使工件的定位面与定位支承点保持接触。如果始终保持接触，就不会有相反方向的移动或转动可能性了。

2.2.3 常见定位方式及定位元件

工件的定位是通过工件上的定位基准面和夹具上定位元件工作表面之间的配合或接触实现的，一般应根据工件上定位基准面的形状，选择相应的定位元件。

2.2.3.1 工件以平面定位

工件以平面定位时，常用定位元件有：固定支承、可调支承、浮动支承、辅助支承四类。

（1）固定支承

固定支承有支承钉和支承板两种形式，平头支承钉［图2－7（a）］和支承板［图2－7（d）（e）］用于已加工平面的定位；球头支承钉［图2－7（b）］主要用于毛坯面定位；齿纹头支承钉［图2－7（c）］用于侧面定位，以增大摩擦因数。

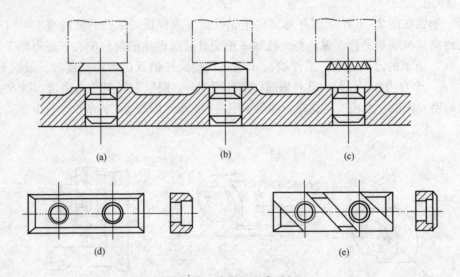

图2-7 支承钉和支承板

（2）可调支承

可调支承用于工件定位过程中，支承钉高度需调整的场合，如图2-8所示，高度尺寸调整好后，用锁紧螺母固定，就相当于固定支承。

（3）浮动支承

工件定位过程中能随着工件定位基准位置的变化而自动调节的支承，称为浮动支承。浮动支承常用的有三点式［图2-9（a）］和两点式［图2-9（b）］，无论哪种形式的浮动支承，其作用相当于一个固定支承，只限制一个自由度，主要目的是提高工件的刚性和稳定性。用于毛坯面定位或刚性不足的场合。

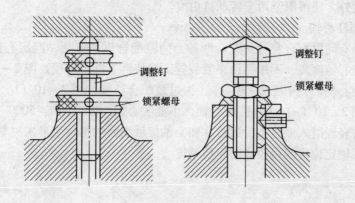

图 2-8　可调支承

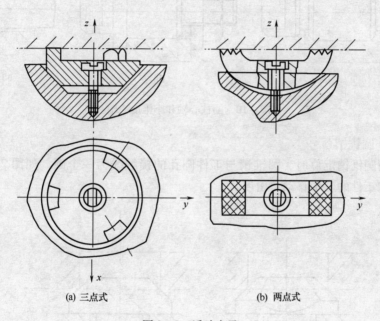

(a) 三点式　　　　　　　　　　　　　　(b) 两点式

图 2-9　浮动支承

（4）辅助支承

辅助支承是指由于工件形状、夹紧力、切削力和工件重力等原因，可能使工件在定位后还产生变形或定位不稳，为了提高工件的装夹刚性和稳定性而增设的支承。因此，辅助支承只能起提高工件支承刚性的辅助定位作用，而不起限制自由度的作用，更不能破坏工件原有定位。

2.2.3.2　工件以圆孔定位

工件以圆孔定位时，常用的定位元件有定位销、圆柱心轴和圆锥销。

（1）定位销

定位销分为短销和长销。短销只能限制两个移动自由度，而长消除限制两个移动自由度外，还可限制两个转动自由度。

（2）圆柱心轴

其定位有间隙配合和过盈配合两种，间隙配合拆卸方便，但定心精度不高；过盈配合定心精度高，不用另设夹紧装置，但装拆工件不方便。图 2 - 10 为几种常见的刚性心轴，其中图 2 - 10（a）为过盈配合心轴，图 2 - 10（b）为间隙配合心轴，图 2 - 10（c）为小锥度心轴，小锥度心轴的锥度为 1∶5000 ~ 1∶1000。工件安装时轻轻敲入或压入，通过孔和心轴接触表面的弹性变形来夹紧工件。使用小锥度心轴定位可获得较高的定位精度。

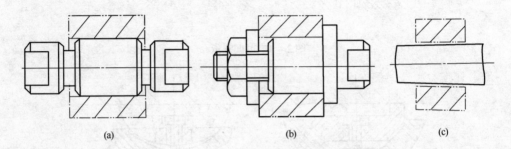

(a)　　　　　　　　　(b)　　　　　　　　(c)

图 2 - 10　圆柱心轴和小锥度心轴

（3）圆锥销

采用圆锥销定位时，圆锥销与工件圆孔的接触线为一个圆，如图 2 - 11 所示，限制工件的三个移动自由度。

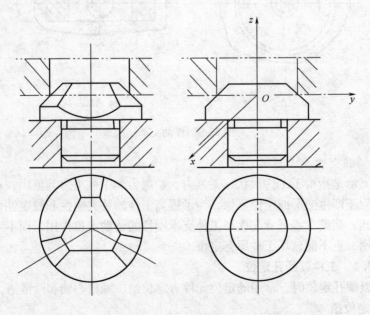

图 2 - 11　圆锥销

2.2.3.3　工件以外圆柱面定位

工件以外圆柱面定位进的定位元件有支承板、V 形块、定位套、半圆孔衬套、锥套和三爪自动定心卡盘等形式，数控铣床上最常用的是 V 形块。

V 形块的优点是对中性好，可以使工件的定位基准轴线保持在 V 形块两斜面的对称平面上，而且不受工件直径误差的影响，安装方便。V 形块有窄 V 形块、宽 V 形块和两个窄 V 形块组合三种结构形式。窄 V 形块定位限制工件的两个自由度；宽 V 形块或两个窄 V 形块组合定位，则限制工件的四个自由度。

2.3　工件的夹紧

2.3.1　对夹紧装置的要求

夹紧装置是夹具的重要组成部分。在设计夹紧装置时，应满足以下基本要求。

1）在夹紧过程中应能保持工件定位时所获得的正确位置。

2）夹紧应可靠和适当。夹紧机构一般要有自锁作用，保证在加工过程中不会产生松动或振动。夹紧工件时，不允许工件产生不适当的变形和表面损伤。

3）夹紧装置应操作方便、省力、安全。

4）夹紧装置的复杂程度和自动化程度应与工件的生产批量和生产方式相适应。结构设计应力求简单、紧凑，并尽可能采用标准化元件。

2.3.2　夹紧力的确定

夹紧力包括力的大小、方向和作用点三个要素，它们的确定是夹紧机构中首先要解决的问题。

2.3.2.1　夹紧力方向的选择

1）夹紧力方向的作用方向应有利于工件的准确定位，而不能破坏定位。为此一般要求主要夹紧力应垂直指向主要定位面。如图 2-12 所示，在直角支座零件上镗孔，要求保证孔与端面的垂直度，则应以端面 A 为第一定位基准面，此时夹紧力作用方向应如图中实线 F_{j1} 所示。若要求保证被加工孔轴线与支座底面平行，应以底面 B 为第一定位基准面，此时夹紧力方向应如图中 F_{j2} 所示。否则，由于 A 面与 B 面的垂直度误差，将会引起被加工孔轴线相对于 A 面（或 B 面）的位置误差。实际上，在这种情况下，由于夹紧力作用不当，将会使工件的主要定位基准面发生转换，从而产生定位误差。

2）夹紧力的作用方向应尽量与工件刚度最大的方向相一致，以减小工件变形。例如图 2-13 所示的薄壁套筒工件，它的轴向刚度比径向刚度大。若如图 2-13（a）所示，用三爪自定心卡盘径向夹紧套筒，将使工件产生较大变形。若

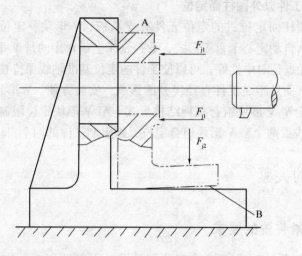

图 2 – 12　夹紧力方向的选择

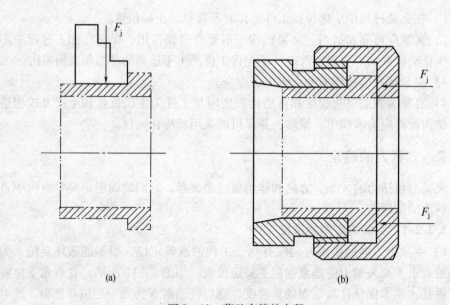

(a)　　　　　　　　　　　　　　　　(b)

图 2 – 13　薄壁套筒的夹紧

改成图 2 – 13（b）的形式，用螺母轴向夹紧工件，则不易产生变形。

　　3）夹紧力的作用方向应尽可能与切削力、工件重力方向一致，以减小所需夹紧力。如图 2 – 14（a）所示，夹紧力 F_{j1} 与主切削力方向一致，切削力由夹具的固定支承承受，所需夹紧力较小。若如图 2 – 14（b）所示，则夹紧力至少要大于切削力。

2.3.2.2　夹紧力作用点的选择

　　夹紧力作用点的选择指在夹紧力作用方向已定的情况下，确定夹紧元件与工

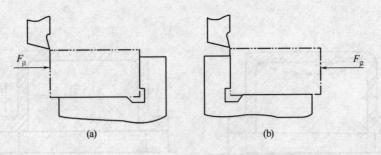

图 2 - 14　夹紧力与切削方向

件接触点的位置和接触点的数目。一般应注意以下几点：

1）夹紧力作用点应正对支承元件或位于支承元件所形成的支承面内，以保证工件已获得的定位不变。如图 2 - 15（a）所示，夹紧力作用点不正对支承元件，产生了使工件翻转的力矩，破坏了工件的定位。夹紧力作用点的正确位置应如图 2 - 15（b）所示。

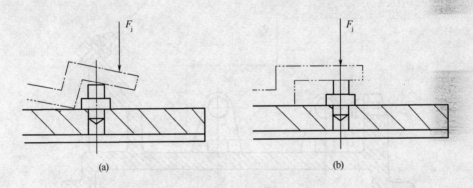

图 2 - 15　夹紧力作用点的位置

2）夹紧力作用点应处在工件刚性较好的部位，以减小工件的夹紧变形。如图 2 - 16（a）所示，夹紧力作用点在工件刚度较差的部位，易使工件发生变形，如改为图 2 - 16（b）所示情况，不但作用点处的工件刚度较好，而且夹紧力均匀分布在环形接触面上，可使工件整体及局部变形都最小。对于薄壁零件，增加均布作用点的数目常常是减小工件夹紧变形的有效方法，该原则对刚度差的工件尤其重要。

3）夹紧力作用点应尽可能靠近被加工表面，以便减小切削力对工件造成的翻转力矩，必要时应在工件刚度差的部位增加辅助支承并施加夹紧力，以减小切削过程中的振动和变形。如图 2 - 17 所示零件加工部位刚度较差，在靠近切削部位处增加辅助支承并施加附加夹紧力 F_j'，可有效地防止切削过程中的振动和变形。

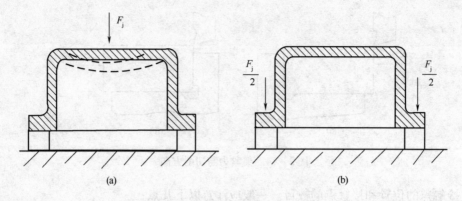

图 2-16　夹紧力作用点与工件变形

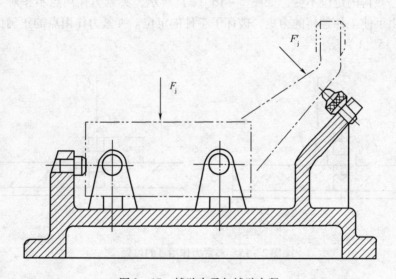

图 2-17　辅助支承与辅助夹紧

2.3.3　夹紧力大小的估算

在夹紧力方向和作用点位置确定以后，还需合理地确定夹紧力的大小。夹紧力不足，会使工件在切削过程中产生位移并容易引起振动；夹紧力过大又会造成工件或夹具不应有的变形或表面损伤。因此，应对所需的夹紧力进行估算。

夹紧力的大小可根据作用在工件上的各种力：切削力、工件重力的大小和相互位置方向来具体计算，确定保持工件平衡所需的最小夹紧力；为安全起见将此最小夹紧力乘以一适当的安全系数 k 即可得到所需要的夹紧力。因此夹具设计时，其夹紧力一般比理论值大 2～3 倍。

图 2-18 所示为在车床上用三爪自定心卡盘安装工件加工外圆表面的情况。

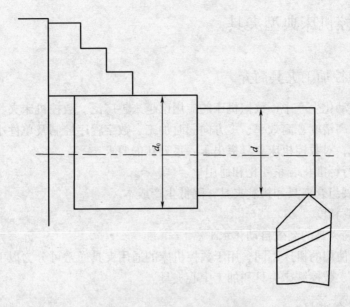

图 2 - 18　车削时夹紧力的估算

加工部位的直径为 d，定位和夹紧部分的直径为 d_0。取工件为分离体，忽略次要因素，只考虑主切削力 F_c 所产生的力矩与卡爪夹紧力 F_j 所产生的摩擦力矩相平衡，可列出如下关系式：

$$F_c \frac{d}{2} = 3F_{jmin} \mu \frac{d_0}{2} \qquad (2-1)$$

式中　μ——卡爪与工件之间的摩擦因数

　　　F_{jmin}——所需最小夹紧力

由式（2-1）可得到：

$$F_{jmin} = \frac{F_c d}{3d_0 \mu} \qquad (2-2)$$

将最小夹紧力乘以安全系数 k，得到所需的夹紧力为：

$$F_j = k \frac{F_c d}{3d_0 \mu} \qquad (2-3)$$

安全系数 k 通常取 1.5~2.5。精加工和连续切削时取较小值；粗加工或断续切削时取较大值。当夹紧力与切削力方向相反时，k 值可取 2.5~3。

摩擦因数 μ 主要取决于工件与支承件或夹紧件之间的接触形式，具体数值可查有关手册。

由上述的例子可以看出夹紧力的估算是很粗略的。这是因为：①切削力大小的估算本身就是很粗略的；②摩擦因数的取值也是近似的。因此在需要准确地确定夹紧力大小时，通常要采用实验的方法。

2.4 数控机床典型夹具

2.4.1 数控加工夹具简介

现代自动化生产中，数控机床的应用已越来越广泛。数控机床夹具必须适应数控机床的高精度、高效率、多方向同时加工、数字程序控制及单件小批生产的特点。为此，对数控机床夹具提出了一系列新的要求：

1）推行标准化、系列化和通用化。

2）发展组合夹具和拼装夹具，降低生产成本。

3）提高精度。

4）提高夹具的高效自动化水平。

根据所使用的机床不同，用于数控机床的通用夹具通常可分为以下几种：数控车床夹具、数控铣床夹具和加工中心夹具。

2.4.2 组合夹具

组合夹具是一种标准化、系列化、通用化程度很高的工艺装备，我国目前已基本普及。组合夹具由一套预先制造好的不同形状、不同规格、不同尺寸的标准元件及部件组装而成。用来钻径向分度孔的组合夹具立体图及其分解图，如图2-33所示。

2.4.2.1 组合夹具的特点

组合夹具一般是为某一工件的某一工序组装的专用夹具，也可以组装成通用可调夹具或成组夹具。组合夹具适用于各类机床，但以钻床和车床夹具用得最多。

组合夹具把专用夹具的设计、制造、使用、报废的单向过程变为组装、拆散、清洗入库、再组装的循环过程。可用几小时的组装周期代替几个月的设计制造周期，从而缩短了生产周期；节省了工时和材料，降低了生产成本；还可减少夹具库房面积，有利于生产管理。

组合夹具的元件精度高、耐磨，并且实现了完全互换，元件精度一般为IT6～IT7级。用组合夹具加工的工件，位置精度一般可达IT8～IT9级，若调整得当，可以达到IT7级。

由于组合夹具有很多优点，又特别适用于新产品试制和多品种小批量生产，所以近年来发展迅速，应用较广。组合夹具的主要缺点是体积较大，刚度较差，一次投资多，成本高，这使组合夹具的推广应用受到一定限制。

组合夹具分为槽系和孔系两大类。

2.4.2.2 槽系组合夹具

（1）槽系组合夹具的规格

为了适应不同工厂、不同产品的需要，槽系组合夹具分大、中、小型三种规格。

（2）组合夹具的元件

1）基础件　有长方形、圆形、方形及基础角铁等。它们常作为组合夹具的夹具体。

2）支承件　如图 2－20 所示，有 V 形支承、长方支承、加肋角铁和角度支承等。它们是组合夹具中的骨架元件，数量最多，应用最广。它可作为各元件间的连接件，又可作为大型工件的定位件。图 2－19 中支承件 2 将钻模板与基础板

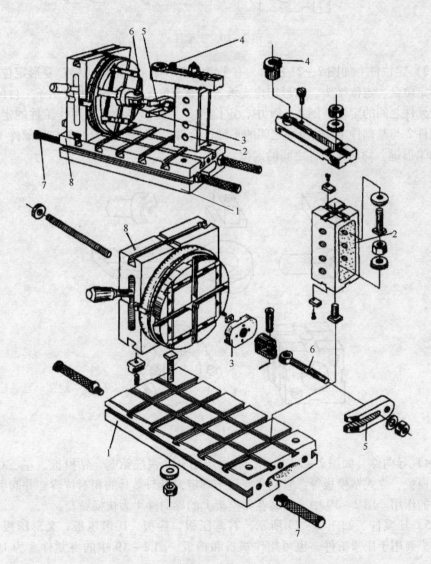

图 2－19　钻盘类零件径向孔的组合夹具

1—基础件　2—支承件　3—定位件　4—导向件　5—夹紧件

6—紧固件　7—其他件　8—合件

连成一体，并保证钻模板的高度和位置。

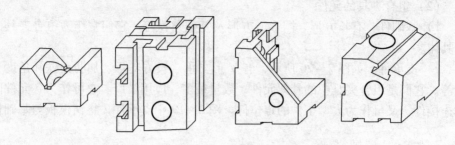

图 2-20　支承件

3）定位件　如图 2-21 所示，有平键、T 形键、圆形定位销、菱形定位销、圆形定位盘、定位接头、方形定位支承、六菱定位支承座等。主要用于工件的定位及元件之间的定位。图 2-19 中，定位件 3 为菱形定位盘，用作工件的定位；支承件 2 与基础件 1、钻模板之间的平键、合件（端齿分度盘）8 与基础件 1 之间的 T 形键，均用作元件之间的定位。

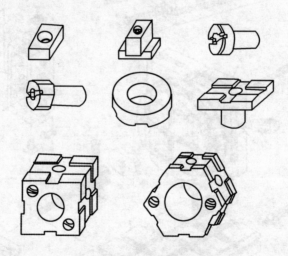

图 2-21　定位件

4）导向件　如图 2-22 所示，有固定钻套、快换钻套、钻模板、左、右偏心钻模板、立式钻模板等。它们主要用于确定刀具与夹具的相对位置，并起引导刀具的作用。图 2-19 中，安装在钻模板上的导向件 4 为快换钻套。

5）压紧件　如图 2-23 所示，有弯压板、摇板、U 形压板、叉形压板等。它们主要用于压紧工件，也可用作垫板和挡板。图 2-19 中的夹紧件 5 为 U 形压板。

6）紧固件　如图 2-24 所示，有各种螺栓、螺钉、垫圈、螺母等。它们主要用于紧固组合夹具中的各种元件及压紧被加工件。由于紧固件在一定程度上影

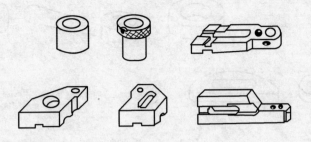

图 2-22　导向件

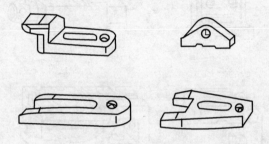

图 2-23　压紧件

响整个夹具的刚性，所以螺纹件均采用细牙螺纹。同时所选用的材料、制造精度及热处理等要求均高于一般标准紧固件。图 2-19 中紧固件 6 为关节螺栓，用来压紧工件，且各元件间均采用槽用方头螺栓、螺钉、螺母、垫圈等紧固件紧固。

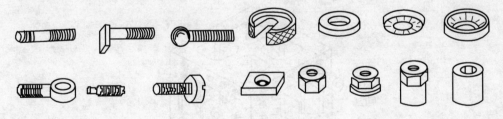

图 2-24　紧固件

7）其他件　如图 2-25 所示，有三爪支承、支承环、手柄、连接板、平衡块等。它们是指以上六类元件之外的各种辅助元件。图 2-19 中四个手柄就属此类元件，用于夹具的搬运。

8）合件　如图 2-26 所示，有尾座、可调 V 形块、折合板、回转支架等。合件是由若干零件组合而成，在组装过程中不拆散使用的独立部件。使用合件可以扩大组合夹具的使用范围，加快组装速度，简化组合夹具的结构，减小夹具体积。图 2-19 中的合件 8 为端齿分度盘。

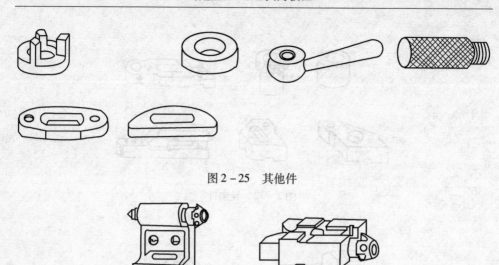

图 2 – 25　其他件

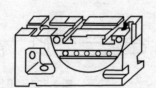

图 2 – 26　合件

2.4.2.3　孔系组合夹具

孔系组合夹具（如图 2 – 27）的元件用一面两圆柱销定位，属允许使用的过

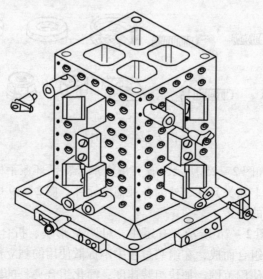

图 2 – 27　孔系组合夹具图

定位；其定位精度高，刚性比槽系组合夹具好，组装可靠，体积小，元件的工艺性好，成本低，可用作数控机床夹具。但组装时元件的位置不能随意调节，常用偏心销钉或部分开槽元件进行弥补。

　　目前许多发达国家都有自己的孔系组合夹具。图 2 - 28 为德国 BIUCO 公司的孔系组合夹具组装示意图。元件与元件间用两个销钉定位，一个螺钉紧固。定位孔孔径有 10mm、12mm、16mm、24mm 四个规格；相应的孔距为 30mm、40mm、50mm、80mm；孔径公差为 H7，孔位公差为 ±0.01mm。

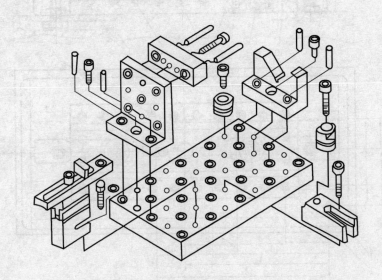

图 2 - 28　BIUCO 孔系组合夹具组装示意图

2.4.3　拼装夹具

　　拼装夹具是在成组工艺基础上，用标准化、系列化的夹具零部件拼装而成的夹具。它有组合夹具的优点，比组合夹具有更好的精度和刚性，更小的体积和更高的效率，因而较适合柔性加工的要求，常用作数控机床夹具。

　　图 2 - 29 为镗箱体孔的数控机床夹具，需在工件 6 上镗削 A、B、C 三孔。工件在液压基础平台 5 及三个定位销钉 3 上定位；通过基础平台内两个液压缸 8、活塞 9、拉杆 12、压板 13 将工件夹紧；夹具通过安装在基础平台底部的两个连接孔中的定位键 10 在机床 T 形槽中定位，并通过两个螺旋压板 11 固定在机床工作台上。可选基础平台上的定位孔 2 作夹具的坐标原点，与数控机床工作台上的定位孔 1 的距离分别为 X_0、Y_0。三个加工孔的坐标尺寸可用机床定位孔 1 作为零点进行计算编程，称固定零点编程；也可选夹具上方便的某一定位孔作为零点进行计算编程，称浮动零点编程。

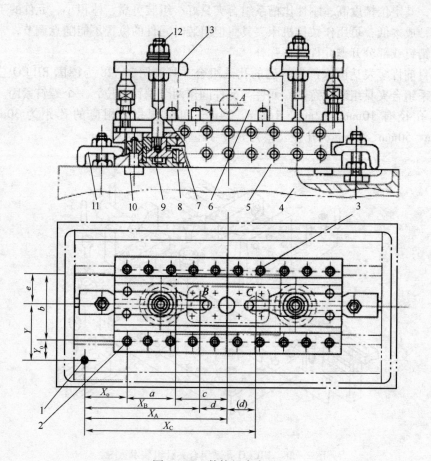

图 2 - 29 数控机床夹具

1、2—定位孔 3—定位销 4—数控机床工作台 5—液压基础平台 6—工件

7—通油孔 8—液压缸 9—活塞 10—定位键 11、13—压板 12—拉杆

习题二

2-1 车削薄壁零件如何夹紧工件?

2-2 试简述定位与夹紧之间的关系。

2-3 采用夹具装夹工件有何优点?

2-4 什么是辅助支承?使用时应注意什么问题?

2-5 什么是定位?工件在机床上的定位方式有哪些?各有什么特点?适用于什么场合?

2-6 何谓六点定则?

2-7 定位时,工件朝一个方向的自由度消除后,是否还具有朝其反方向的自由度？为什么？

2-8　根据六点定则，分析图 2-30 中所示各定位元件限制的自由度。

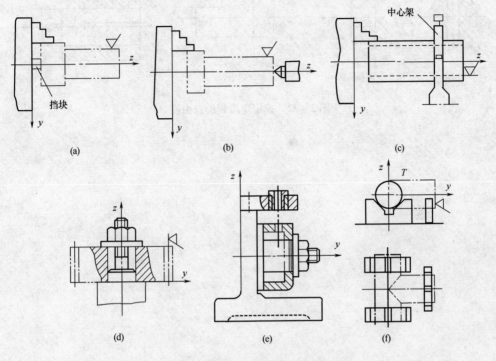

图 2-30　分析各定位元件所限制的自由度

2-9　试分析图 2-31 中定位元件限制哪些自由度？是否合理？如何改进？

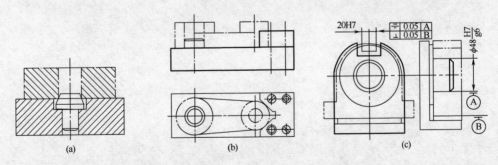

图 2-31　分析各定位元件所限制自由度的合理性

2-10　根据图 2-32 中所示的工件加工要求，试确定工件理论上限制的自由度，并选择定位元件，指出这些定位元件实际上限制了哪些自由度？其中图（a）过球心钻一小孔；图（b）在圆盘中心钻一孔；图（c）在轴上铣一槽，保证尺寸 H 和 L；图（d）在套筒上钻孔，保证尺寸 L。

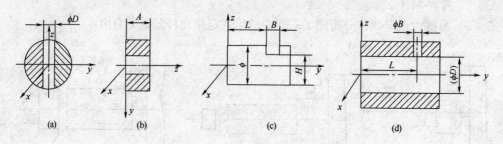

图 2 - 32　确定应限制的自由度

第3章　数控加工工艺基础

数控加工工艺规程是规定零部件或产品数控加工工艺过程和操作方法等工艺文件。生产规模的大小、工艺水平的高低以及解决各种工艺问题的方法和手段都要通过加工工艺规程来体现。因此，数控加工工艺规程设计是一项重要而又严谨的工作。它要求设计者必须具备丰富的生产实践经验和广博的机械制造工艺基础理论知识。

本章将着重介绍数控加工的工艺分析、工艺路线设计以及工序设计。

3.1　基本概念

3.1.1　数控加工工艺概念

在数控机床上加工工件时，要预先把加工过程所需要的全部信息，利用数字或代码化的数字量表示出来，编写控制程序，输入专用的或通用的计算机。计算机对输入的信息进行处理与运算，发出各种指令来控制机床的各个执行元件，使机床按照给定的程序，自动加工出所需要的工件。因此，数控加工有着高自动化、高精度、高柔性和高效率等特点。数控加工工艺是以普通机械加工工艺为基础，针对数控机床加工中的典型工艺问题为研究对象的一门综合基础技术课程。

3.1.1.1　生产过程

生产过程是指从原材料到该机械产品出厂的全部劳动过程。工艺就是制造产品的方法。

工业产品的生产过程是指由原材料到成品之间的各个相互联系的劳动过程的总和。

1）生产技术准备过程包括产品投产前的市场调查分析，产品研制，技术鉴定等。

2）生产工艺过程包括毛坯制造，零件加工，部件和产品装配、调试、油漆和包装等。

3）辅助生产过程为使基本生产过程能正常进行所必经的辅助过程，包括工艺装备的设计制造、能源供应、设备维修等。

4）生产服务过程包括原材料采购运输、保管、供应及产品包装、销售等。

3.1.1.2　工艺过程

工艺过程是指采用各种加工方法改变生产对象的形状、尺寸、相对位置和性质等，使其成为成品或半成品的过程。

在机械加工工艺过程中，针对零件的结构特点和技术要求，采用不同的加工方法和装备，按照一定的顺序依次进行才能完成由毛坯到零件的转变过程。因此，机械加工工艺过程是由工序、安装、工位、工步和走刀组成。

（1）工序

机械加工工艺过程中的工序是指：一个（或一组）工人，在一个工作地对同一个（或同时对几个）工件连续完成的那一部分加工过程。根据这一定义，只要工人、工作地点、工作对象（工件）之一发生变化或不是连续完成，应成为另一工序。

例如图3-1所示零件的加工内容是：①加工小端面；②对小端面钻中心孔；③加工大端面；④对大端面钻中心孔；⑤车大端外圆；⑥对大端倒角；⑦车小端外圆；⑧对小端倒角；⑨铣键槽；⑩去毛刺。

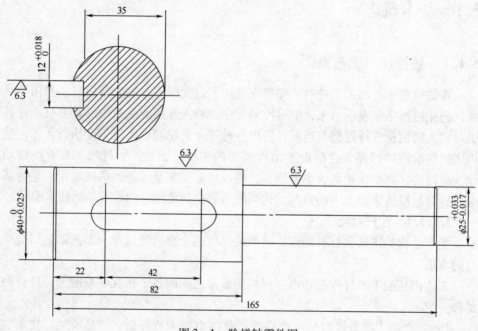

图3-1 阶梯轴零件图

工序是工艺过程的基本单元，是安排生产作业计划、制定劳动定额和配备工人数量的基本计算单元。

（2）安装

在同一个工序中，工件每定位和夹紧一次所能完成的那部分加工称为一个安装。在一个工序中，工件可能只需要安装一次，也可能需要安装几次。

（3）工位

在工件的一次安装中，通过分度（或位移）装置，使工件相对于机床床身变换加工位置，我们把每一个加工位置上所完成的工艺过程称为工位。在一个安装中，可能只有一个工位，也可能需要有几个工位。

如图 3-2 所示，工件在立轴式回转工作台上变换加工位置，图中共有 4 个工位依次是装卸工件、钻孔、扩孔和铰孔，实现了在一次安装中进行钻孔、扩孔和铰孔加工。为了减少工件装夹次数和提高生产率，应适当采用多工位加工。

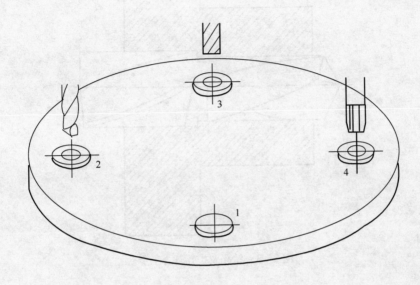

图 3-2　多工位安装
1—装卸工件　2—钻孔　3—扩孔　4—铰孔

（4）工步

在一个工位中，加工表面、切削刀具、切削速度和进给量都不变的情况下所连续完成的那一部分工序，称为一个工步。如立轴转塔车床回转刀架的一次转位所完成的工位内容应属一个工步，因为刀具变化了，此时若有几把刀具同时参与切削，该工步称为复合工步如图 3-3、图 3-4 所示。应用复合工步的主要目的是为了提高工作效率。

（5）走刀

切削刀具在加工表面上切削一次所完成的工步内容，称为一次走刀。一个工步可包括一次或数次走刀。当需要切去的金属层很厚，不能在一次走刀下切完，则需要分几次走刀。走刀是构成工艺过程的最小单元。如图 3-5 所示，将棒料加工成阶梯轴，第二工步车右端外圆分两次走刀。又如螺纹表面的车削加工和磨削加工，也属于多次走刀。

以上所述的工艺过程，也是数控加工工艺过程的基础，但随着数控技术的发展，数控机床的工艺和工序相对传统工艺更加复合化和集中化。例如双主轴结构

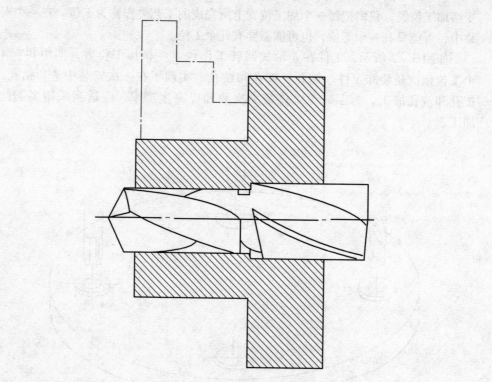

图 3-3　钻孔及扩孔复合工步

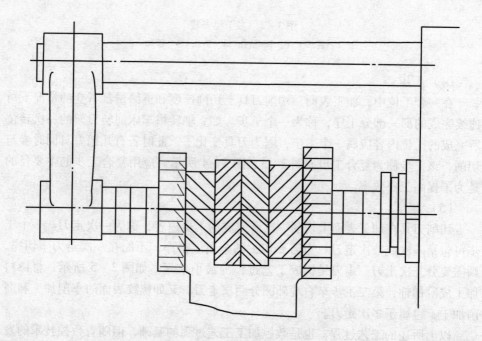

图 3-4　组合铣刀铣平面复合工步

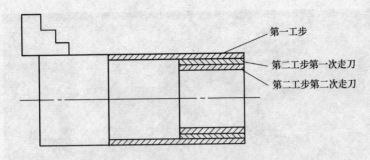

图 3-5 棒料车削加工成阶梯轴

数控车床，把各种工序（如车、铣、钻等）都集中在一台数控车床上来完成，就是非常典型的例子，也体现出了数控机床工艺过程的独特之处。如图 3-6 所示双主轴双刀塔数控车床，仅仅使用夹具一次装夹就可以对工件进行全部加工。可以在一道工序中加工同一工件的两个端面。加工完一个端面后，工件从主轴上转移到副主轴上。再进行另一个端面的加工。又如图 3-7 所示车铣加工中心，可以对复杂零件进行高精度的六面完整加工。可以自动进行从第 1 主轴到第 2 主轴的工件交接，自动进行第 2 工序的工件背面加工。具有高性能的直线电机以及高精度的车—铣主轴。对于以前需要通过多台机床分工序加工的复杂形状工件，可一次装夹进行全工序的加工。

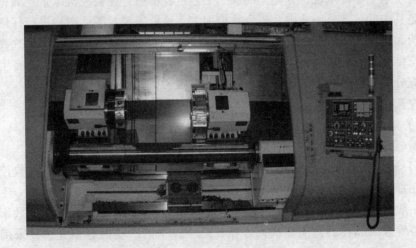

图 3-6 双主轴双刀塔数控车床

3.1.1.3 加工工艺规程

用工艺文件规定的机械加工工艺过程，称为机械加工工艺规程。机械加工工艺规程的详细程度与生产类型有关，不同的生产类型由产品的生产纲领及年产量来区别。

图 3-7 车铣加工中心

3.1.2 数控加工工艺主要内容和设计步骤

（1）数控加工工艺内容的选择

对于某个零件来说，并非全部加工工艺过程都适合在数控机床上完成，而往往只是其中的一部分工艺内容适合数控加工。这就需要对零件图样进行仔细的工艺分析，选择那些最适合、最需要进行数控加工的内容和工序。在考虑选择内容时，应结合本企业设备的实际，立足于解决难题、攻克关键问题和提高生产效率，充分发挥数控加工的优势。

在选择时，一般可按下列顺序考虑：

1）通用机床无法加工的内容应作为优先选择内容。

2）通用机床难加工，质量也难以保证的内容应作为重点选择内容。

3）通用机床加工效率低、工人手工操作劳动强度大的内容，可在数控机床尚存在富裕加工能力时选择。

一般来说，上述这些加工内容采用数控加工后，在产品质量、生产效率与综合效益等方面都会得到明显提高。相比之下，下列一些内容不宜选择采用数控加工：

1）占机调整时间长。如以毛坯的粗基准定位加工第一个精基准，需用专用工装协调的内容。

2）加工部位分散，要多次安装、设置原点。这时，采用数控加工很麻烦，效果不明显，可安排通用机床补加工。

3）按某些特定的制造依据（如样板等）加工的型面轮廓。主要原因是获取数据困难，易于与检验依据发生矛盾，增加了程序编制的难度。

此外，在选择和决定加工内容时，也要考虑生产批量、生产周期、工序间周转情况等。总之，要尽量做到合理，达到多、快、好、省的目的。要防止把数控机床降格为通用机床使用。

（2）选择并确定进行数控加工的步骤

1）对零件图样进行数控加工的工艺分析。

2）零件图样的数学处理及编程尺寸设定值的确定。

3）数控加工工艺方案的制定。

4）选择数控机床的类型。

5）刀具、夹具、量具的选择。

6）切削参数的确定。

3.2　数控加工工艺分析

3.2.1　数控加工零件图的工艺性分析

在选择并决定数控加工零件及其加工内容后，应对零件的数控加工工艺性进行全面、认真、仔细的分析，主要包括产品的零件图样分析、结构工艺性分析和零件安装方式的选择等内容。

首先应熟悉零件在产品的作用、位置、装配关系和工作条件，搞清楚各项技术要求对零件装配质量和使用性能的影响，找出主要的和关键的技术要求，然后对零件图样进行分析。

（1）尺寸标注方法分析

在数控加工零件图上，尺寸标注方法应适应数控加工的特点，应以同一基准标注尺寸或直接给出坐标尺寸。这种标注方法既便于编程，又有利于设计基准、工艺基准、测量基准和编程原点的统一。

（2）零件图的完整性与正确性分析

构成零件轮廓的几何元素（点、线、面）的条件（如相切、相交、垂直和平行等）是数控编程的重要依据。手工编程时，要依据这些条件计算每一个节点的坐标；自动编程时，则要根据这些条件才能对构成零件的所有几何元素进行定义，无论哪一条件不明确，编程都无法进行。因此，在分析零件图样时，务必要分析几何元素给定条件是否充分，发现问题及时与设计人员协商解决。

（3）零件技术要求

零件的技术要求包括下列几个方面：加工表面的尺寸精度；主要加工表面的形状精度；主要加工表面之间的相互位置精度；加工表面的粗糙度以及表面质量方面的其他要求；热处理要求；其他要求（如动平衡、未注圆角或倒角、去毛刺、毛坯要求等）。只有在分析这些要求的基础上，才能正确合理的选择加工方法、装夹方式、刀具及切削用量等。

（4）零件材料分析

即分析所提供的毛坯材料本身的机械性能和热处理状态，毛坯的铸造品质和被加工部位的材料硬度，是否有白口、夹砂、疏松等。判断其加工的难易程度，为选择刀具材料和切削用量提供依据。所选的零件材料应经济合理，切削性能好，满足使用性能的要求。

3.2.2 零件的结构工艺性分析

零件的结构工艺性是指在满足使用性能的前提下，是否能以较高的生产率和最低的成本方便地加工出来的特性。

对零件的结构工艺性进行详细的分析，主要考虑如下几方面。

（1）有利于达到所要求的加工质量

1）合理确定零件的加工精度与表面质量。

2）保证位置精度的可能性。

（2）有利于减少加工劳动量

1）尽量减少不必要的加工面积。减少加工面积不仅可减少机械加工的劳动量，而且还可以减少刀具的损耗，提高装配质量。

2）尽量避免或简化内表面的加工，因为外表面的加工要比内表面加工方便经济，又便于测量。

（3）有利于提高劳动生产率

1）零件的有关尺寸应力求一致，并能用标准刀具加工。

2）减少零件的安装次数，零件的加工表面应尽量分布在同一方向，或互相平行或互相垂直的表面上；次要表面应尽可能与主要表面分布在同一方向上，以便在加工主要表面时，同时将次要表面也加工出来；孔端的加工表面应为圆形凸台或沉孔，以便在加工孔时同时将凸台或沉孔全锪出来。

3）零件的结构应便于加工。

4）避免在斜面上钻孔和钻头单刃切削。

5）便于多刀或多件加工。

3.3 数控加工工艺路线设计

3.3.1 选择定位基准

正确地选择定位基准是设计工艺过程的一项重要内容。在制订工艺规程时，定位基准选择的正确与否，对保证零件的尺寸精度和相互位置精度要求，以及对零件各表面间的加工顺序安排都有很大影响，当用夹具安装工件时，定位基准的选择还会影响到夹具结构的复杂程度。因此，定位基准的选择是一个很重要的工艺问题。

选择定位基准时，是从保证工件加工精度要求出发的，因此，定位基准的选择应先选择精基准，再选择粗基准。

3.3.1.1　精基准的选择原则

选择精基准时，主要应考虑保证加工精度和工件安装方便可靠，其选择原则如下。

（1）基准重合原则

即选用设计基准作为定位基准，以避免定位基准与设计基准不重合而引起的基准不重合误差。

图 3-8 所示的零件，设计尺寸为 a 和 c，设顶面 B 和底面 A 已加工好（即尺寸 a 已经保证），现在用调整法铣削一批零件的 C 面。为保证设计尺寸 c，以 A 面定位，则定位基准 A 与设计基准 B 不重合，见图 3-8（b）。由于铣刀是相对于夹具定位面（或机床工作台面）调整的，对于一批零件来说，刀具调整好后位置不再变动。加工后尺寸 c 的大小除受本工序加工误差（Δ_j）的影响外，还与上道工序的加工误差（T_a）有关。这一误差是由于所选的定位基准与设计基准不重合而产生的，这种定位误差称为基准不重合误差。它的大小等于设计（工序）基准与定位基准之间的联系尺寸 a（定位尺寸）的公差 T_a。

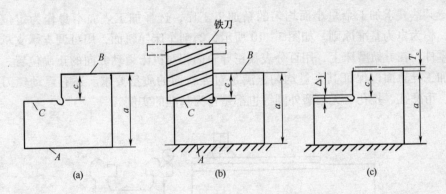

图 3-8　基准不重合误差示例图

（a）工序简图　（b）加工示意图　（c）加工误差

从图 3-8（c）中可看出，欲加工尺寸 c 的误差包括 Δ_j 和 T_a，为了保证尺寸 c 的精度，应使：

$$\Delta_j + T_a \leqslant T_c \tag{3-1}$$

显然，采用基准不重合的定位方案，必须控制该工序的加工误差和基准不重

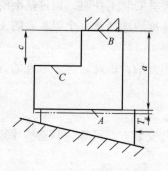

图 3-9　基准重合安装示意图

合误差的总和不超过尺寸 c 的公差 T_c。这样既缩小了本道工序的加工允差，又对前面工序提出了较高的要求，使加工成本提高，当然是应当避免的。所以，在选择定位基准时，应当尽量使定位基准与设计基准相重合。

如图 3-9 所示，以 B 面定位加工 C 面，使得基准重合，此时尺寸 a 的误差对加工尺寸 c 无影响，本工序的加工误差只需满足：$\Delta_j \leqslant T_c$ 即可。

显然，这种基准重合的情况能使本工序允许出现的误差加大，使加工更容易达到精度要求，经济性更好。但是，这样往往会使夹具结构复杂，增加操作的困难。而为了保证加工精度，有时不得不采取这种方案。

（2）基准统一原则

应采用同一组基准定位加工零件上尽可能多的表面，这就是基准统一原则。这样做可以简化工艺规程的制订工作，减少夹具设计、制造工作量和成本，缩短生产准备周期；由于减少了基准转换，便于保证各加工表面的相互位置精度。例如加工轴类零件时，采用两中心孔定位加工各外圆表面，就符合基准统一原则。箱体零件采用一面两孔定位，齿轮的齿坯和齿形加工多采用齿轮的内孔及一端面为定位基准，均属于基准统一原则。

（3）自为基准原则

某些要求加工余量小而均匀的精加工工序，选择加工表面本身作为定位基准，称为自为基准原则。如图 3-10 所示，磨削车床导轨面，用可调支承支承床身零件，在导轨磨床上，用百分表找正导轨面相对机床运动方向的正确位置，然后加工导轨面以保证其余量均匀，满足对导轨面的质量要求。还有浮动镗刀镗孔、珩磨孔、拉孔、无心磨外圆等也都是自为基准的实例。

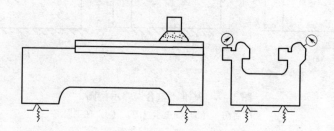

图 3-10　自为基准示例

（4）互为基准原则

当对工件上两个相互位置精度要求很高的表面进行加工时，需要用两个表面互相作为基准，反复进行加工，以保证位置精度要求。例如要保证精密齿轮的齿

56

圈跳动精度，在齿面淬硬后，先以齿面定位磨内孔，再以内孔定位磨齿面，从而保证位置精度。再如车床主轴的前锥孔与主轴支承轴颈间有严格的同轴度要求，加工时就是先以轴颈外圆为定位基准加工锥孔，再以锥孔为定位基准加工外圆，如此反复多次，最终达到加工要求。这都是互为基准的典型实例。

（5）便于装夹原则

所选精基准应保证工件安装可靠，夹具设计简单、操作方便。

3.3.1.2　粗基准选择原则

选择粗基准时，主要要求保证各加工面有足够的余量，使加工面与不加工面间的位置符合图样要求，并特别注意要尽快获得精基面。具体选择时应考虑下列原则：

1）选择重要表面为粗基准，如图 3 – 11 所示。

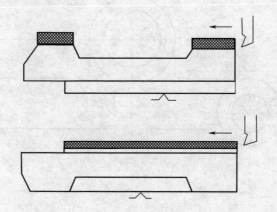

图 3 – 11　床身加工的粗基准选择图

2）选择不加工表面为粗基准，如图 3 – 12 所示。

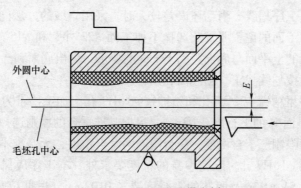

图 3 – 12　粗基准选择实例

3）选择加工余量最小的表面为粗基准。

4）选择较为平整光洁、加工面积较大的表面为粗基准。

5）粗基准在同一尺寸方向上只能使用一次。

3.3.1.3　定位基准选择示例

例 3 - 1：图 3 - 13 所示为车床进刀轴架零件，若已知其工艺过程为：

1）划线。

2）粗精刨底面和凸台。

3）粗精镗 ϕ32H7 孔，并钻、扩、铰 ϕ16H9 孔。

试选择各工序的定位基准并确定各限制几个自由度。

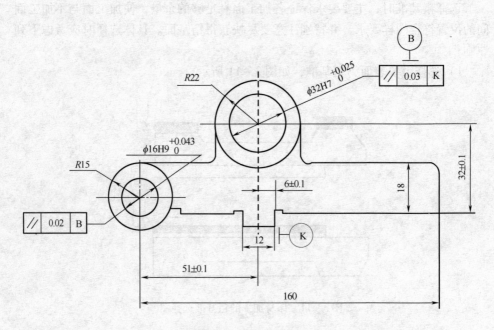

图 3 - 13　车床进刀轴架

解：第一道工序划线。当毛坯误差较大时，采用划线的方法能同时兼顾到几个不加工面对加工面的位置要求。选择不加工面 R22 外圆和 R15 外圆为粗基准，同时兼顾不加工的上平面与底面距离 18mm 的要求，划出底面和凸台的加工线。

第二道工序按划线找正，刨底面和凸台。

第三道工序粗精镗 ϕ32H7 孔和钻扩铰 ϕ16H9 孔。加工要求为尺寸 32 ± 0.1、6 ± 0.1 及凸台侧面 K 的平行度 0.03mm。根据基准重合的原则选择底面和凸台为定位基准，底面限制三个自由度，凸台限制两个自由度，无基准不重合误差。同时，钻、扩、铰 ϕ16H9 孔。除孔本身的精度要求外，本工序应保证的位置要求为尺寸 4 ± 0.1、51 ± 0.1 及两孔的平行度要求 0.02mm。根据精基准选择原则，可以有三种不同的方案：

1）底面限制三个自由度，K 面限制两个自由度。此方案加工两孔采用了基准统一原则。夹具比较简单。设计尺寸 4 ± 0.1 基准重合；尺寸 51 ± 0.1 的工序

基准是孔 ϕ32H7 的中心线，而定位基准是 K 面，定位尺寸为 6 ± 0.1，存在基准不重合误差，其大小等于 0.2mm；两孔平行度 0.02mm 也有基准不重合误差，其大小等于 0.03mm。可见，此方案基准不重合误差已经超过了允许的范围，不可行。

2）ϕ32H7 孔限制四个自由度，底面限制一个自由度。此方案对尺寸 4 ± 0.1 有基准不重合误差，且定位销细长，刚性较差，所以也不好。

3）底面限制三个自由度，ϕ32H7 孔限制两个自由度此方案可将工件套在一个长的菱形销上来实现，对于三个设计要求均为基准重合，只有 ϕ32H7 孔对于底面的平行度误差将会影响两孔在垂直平面内的平行度，应当在镗 ϕ32H7 孔时加以限制。

综上所述，第三方案基准基本上重合，夹具结构也不太复杂，装夹方便，故应采用。

3.3.2 选择数控加工方法

机械零件的结构形状是多种多样的，但它们都是由平面、外圆柱面、内圆柱面或曲面、成形面等基本表面组成的。每一种表面都有多种加工方法，具体选择时应根据零件的加工精度、表面粗糙度、材料、结构形状、尺寸及生产类型等因素，选用相应的加工方法和加工方案。

（1）外圆表面加工方法的选择

外圆表面的主要加工方法是车削和磨削。当表面粗糙度要求较高时，还要经光整加工。

（2）内孔表面加工方法的选择

1）在数控机床上内孔表面加工方法主要有钻孔、扩孔、铰孔、镗孔和拉孔、磨孔和光整加工。

2）内孔表面加工方法选择实例：如图 3-14 所示零件，要加工内孔 ϕ40H7、阶梯孔 ϕ13mm 和 ϕ22mm 等三种不同规格和精度要求的孔，零件材料为 HT200。

ϕ40mm 内孔的尺寸公差为 H7，表面粗糙度要求较高，为 $Ra1.6\mu m$，可选择钻孔—粗镗（或扩孔）—半精镗—精镗方案。

阶梯孔 ϕ13mm 和 ϕ22mm 没有尺寸公差要求，可按自由尺寸公差 IT11～IT12 处理，表面粗糙度要求不高，为 $Ra12.5\mu m$，因而可选择钻孔—锪孔方案。

（3）平面加工方法的选择

平面的主要加工方法有铣削、刨削、车削、磨削和拉削等，精度要求高的平面还需要经研磨或刮削加工。

1）最终工序为刮研的加工方案多用于单件小批生产中配合表面要求高且非淬硬平面的加工。当批量较大时，可用宽刀细刨代替刮研，宽刀细刨特别适用于加工像导轨面这样的狭长的平面，能显著提高生产效率。

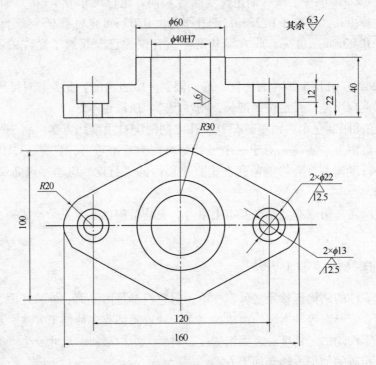

图 3 – 14　典型零件孔加工方法选择

2）磨削适用于直线度及表面粗糙度要求较高的淬硬工件和薄片工件、未淬硬钢件上面积较大的平面的精加工，但不宜加工塑性较大的有色金属。

3）车削主要用于回转零件端面的加工，以保证端面与回转轴线的垂直度要求。

4）拉削平面适用于大批量生产中的加工质量要求较高且面积较小的平面。

5）最终工序为研磨的方案适用于精度高、表面粗糙度要求高的小型零件的精密平面，如量规等精密量具的表面。

（4）平面轮廓和曲面轮廓加工方法的选择

1）平面轮廓常用的加工方法有数控铣、线切割及磨削等。对如图 3 – 15（a）所示的内平面轮廓，当曲率半径较小时，可采用数控线切割方法加工。若选择铣削的方法，因铣刀直径受最小曲率半径的限制，直径太小，刚性不足，会产生较大的加工误差。对图 3 – 15（b）所示的外平面轮廓，可采用数控铣削方法加工，常用粗铣—精铣方案，也可采用数控线切割的方法加工。对精度及表面粗糙要求较高的轮廓表面，在数控铣加工之后，再进行数控磨削加工。数控铣削加工适用于除淬火钢以外的各种金属，数控线切割加工可用于各种金属，数控磨削加工适用于除有色金属以外的各种金属。

2）立体曲面加工方法主要是数控铣削，多用球头铣刀，以"行切法"加

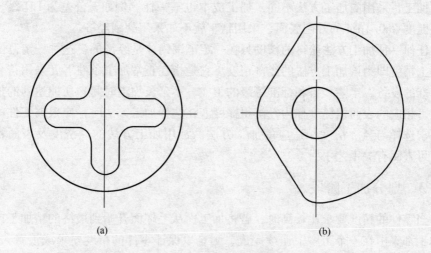

(a)　　　　　　　　　　　　　　　(b)

图 3 – 15　平面轮廓类零件
（a）内平面轮廓　　（b）外平面轮廓

工，如图 3 – 16 所示。根据曲面形状、刀具形状以及精度要求等通常采用二轴半联动或三轴半联动。对精度和表面粗糙度要求高的曲面，当用三轴联动的"行切法"加工不能满足要求时，可用模具铣刀，选择四坐标或五坐标联动加工。

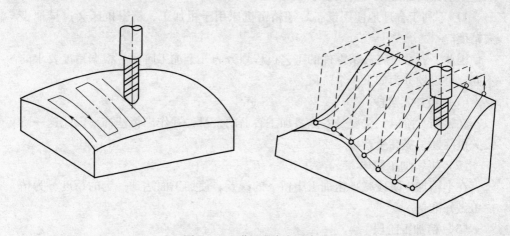

图 3 – 16　曲面的行切法加工

　　表面加工的方法选择，除了考虑加工质量、零件的结构形状和尺寸、零件的材料和硬度以及生产类型外，还要考虑加工的经济性。

　　各种表面加工方法所能达到的精度和表面粗糙度都有一个相当大的范围。当精度达到一定程度后，要继续提高精度，成本会急剧上升。例如外圆车削，将精度从 IT7 级提高到 IT6 级，此时需要价格较高的金刚石车刀，很小的背吃刀量和进给量，增加了刀具费用，延长了加工时间，大大的增加了加工成本。对于同一表面加工，采用的加工方法不同，加工成本也不一样。例如，公差为 IT7 级、表面粗糙度 $Ra0.4\mu m$ 的外圆表面，采用精车就不如采用磨削经济。

任何一种加工方法获得的精度只在一定范围内才是经济的，这种一定范围内的加工精度即为该加工方法的经济精度。它是指在正常加工条件下（采用符合质量标准的设备、工艺装备和标准等级的工人，不延长加工时间）所能达到的加工精度，相应的表面粗糙度称为经济粗糙度。在选择加工方法时，应根据工件的精度要求选择与经济精度相适应的加工方法。常用加工方法的经济度及表面粗糙度，可查阅有关工艺手册。

3.3.3　划分加工阶段

当零件的精度要求比较高时，若将加工面从毛坯面开始到最终的精加工或精密加工都集中在一个工序中连续完成，则难以保证零件的精度要求或浪费人力、物力资源。这是因为：

1）粗加工时，切削层厚，切削热量大，无法消除因热变形带来的加工误差，也无法消除因粗加工留在工件表层的残余应力产生的加工误差。

2）后续加工容易把已加工好的加工面划伤。

3）不利于及时发现毛坯的缺陷。若在加工最后一个表面是才发现毛坯有缺陷，则前面的加工就白白浪费了。

4）不利于合理地使用设备。把精密机床用于粗加工，精密机床会过早地丧失精度。

因此，通常可将高精零件的工艺过程划分为几个加工阶段。根据精度要求的不同，可以划分为如下 4 个阶段。

（1）粗加工阶段

在粗加工阶段，主要是去除各加工表面的余量，并作出精基准，因此这一阶段关键问题是提高生产率。

（2）半精加工阶段

在半精加工阶段减小粗加工中留下的误差，使加工面达到一定的精度，为精加工做好准备。

（3）精加工阶段

在精加工阶段，应确保尺寸、形状和位置精度达到或基本达到图样规定的精度要求以及表面粗糙度要求。

（4）精密、超精密加工、光整加工阶段

对那些精度要求很高的零件，在工艺过程的最后安排珩磨或研磨、镜面磨、超精加工、金刚石车、金刚石镗或其他特种加工方法加工，以达到零件最终的精度要求。

零件在上述各加工阶段中加工，可以保证有充足的时间消除热变形和消除加工产生的残余应力，使后续加工精度提高。另外，在粗加工阶段发现毛坯有缺陷时，就不必进行下一加工阶段的加工，避免浪费。此外还可以合理地使用设备，合理地安排人力资源，这对保证产品质量，提高工艺水平都是十分重要的。

3.3.4 划分加工工序

（1）工序划分的原则

工序的划分可以采用两种不同原则，即工序集中原则和工序分散原则。

1）工序集中原则 工序集中原则是指每道工序包括尽可能多的加工内容，从而使工序的总数减少。采用工序集中原则的优点是：有利于采用高效的专用设备和数控机床，提高生产效率；减少工序数目，缩短工艺路线，简化生产计划和生产组织工作；减少机床数量、操作工人数和占地面积；减少工件装夹次数，不仅保证了各加工表面间的相互位置精度，而且减少了夹具数量和装夹工件的辅助时间。但专用设备和工艺装备投资大、调整维修比较麻烦、生产准备周期较长，不利于转产。

2）工序分散原则 工序分散就是将工件的加工分散在较多的工序内进行，每道工序的加工内容很少。采用工序分散原则的优点是：加工设备和工艺装备结构简单，调整和维修方便，操作简单，转产容易；有利于选择合理的切削用量，减少机动时间。但工艺路线较长，所需设备及工人人数多，占地面积大。

（2）工序划分方法

工序划分主要考虑生产纲领、所用设备及零件本身的结构和技术要求等。大批量生产时，若使用多轴、多刀的高效加工中心，可按工序集中原则组织生产；若在由组合机床组成的自动线上加工，工序一般按分散原则划分。随着现代数控技术的发展，特别是加工中心的应用，工艺路线的安排更多地趋向于工序集中。单件小批生产时，通常采用工序集中原则。成批生产时，可按工序集中原则划分，也可按工序分散原则划分，应视具体情况而定。对于结构尺寸和重量都很大的重型零件，应采用工序集中原则，以减少装夹次数和运输量。对于刚性差、精度高的零件，应按工序分散原则划分工序。

在数控铣床上加工的零件，一般按工序集中原则划分工序，划分方法如下。

1）按所用刀具划分 以同一把刀具完成的那一部分工艺过程为一道工序，这种方法适用于工件的待加工表面较多，机床连续工作时间过长，加工程序的编制和检查难度较大等情况。加工中心常用这种方法划分。

2）按安装次数划分 以一次安装完成的那一部分工艺过程为一道工序。这种方法适用于工件的加工内容不多的工件，加工完成后就能达到待检状态。

3）按粗、精加工划分 即精加工中完成的那一部分工艺过程为一道工序，粗加工中完成的那一部分工艺过程为一道工序。这种划分方法适用于加工后变形较大，需粗、精加工分开的零件，如毛坯为铸件、焊接件或锻件。

4）按加工部位划分　即以完成相同型面的那一部分工艺过程为一道工序，对于加工表面多而复杂的零件，可按其结构特点（如内形、外形、曲面和平面等）划分成多道工序。

3.3.5　确定加工顺序

3.3.5.1　切削加工顺序的安排

（1）先粗后精

先安排粗加工，中间安排半精加工，最后安排精加工和光整加工。

（2）先主后次

先安排零件的装配基面和工作表面等主要表面的加工，后安排如键槽、紧固用的光孔和螺纹孔等次要表面的加工。由于次要表面加工工作量小，又常与主要表面有位置精度要求，所以一般放在主要表面的半精加工之后，精加工之前进行。

（3）先面后孔

对于箱体、支架、连杆、底座等零件，先加工用作定位的平面和孔的端面，然后再加工孔。这样可使工件定位夹紧稳定可靠，利于保证孔与平面的位置精度，减小刀具的磨损，同时也给孔加工带来方便。

（4）基面先行

用作精基准的表面，要首先加工出来。所以，第一道工序一般是进行定位面的粗加工和半精加工（有时包括精加工），然后再以精基面定位加工其他表面。例如，轴类零件顶尖孔的加工。

3.3.5.2　热处理工序的安排

热处理可以提高材料的力学性能，改善金属的切削性能以及消除残余应力。在制订工艺路线时，应根据零件的技术要求和材料的性质，合理地安排热处理工序。

（1）退火与正火

退火或正火的目的是为了消除组织的不均匀，细化晶粒，改善金属的加工性能。对高碳钢零件用退火降低其硬度，对低碳钢零件用正火提高其硬度，以获得较好的可切削性，同时能消除毛坯制造中的应力。退火与正火一般安排在机械加工之前进行。

（2）时效处理

时效是以消除内应力、减少工件变形为目的。为了消除残余应力，在工艺过程中需安排时效处理。对于一般铸件，常在精加工前或粗加工后安排一次时效处理；对于要求较高的零件，在半精加工后尚需再安排一次时效处理；对于一些刚性较差、精度要求特别高的重要零件（如精密丝杠、主轴等），常常在每个加工阶段之间都安排一次时效处理。

（3）调质

调质是对零件淬火后再高温回火，能消除内应力、改善加工性能并能获得较好的综合力学性能。一般安排在粗加工之后进行。对一些性能要求不高的零件，调质也常作为最终热处理。

（4）淬火、渗碳淬火和渗氮

它们的主要目的是提高零件的硬度和耐磨性，常安排在精加工（磨削）之前进行，其中渗氮由于热处理温度较低，零件变形很小，也可以安排在精加工之后。

3.3.5.3　辅助工序的安排

检验工序是主要的辅助工序，除每道工序由操作者自行检验外，在粗加工之后，精加工之前，零件转换车间时，以及重要工序之后和全部加工完毕、进库之前，一般都要安排检验工序。

除检验外，其他辅助工序有：表面强化和去毛刺、倒棱、清洗、防锈等。正确地安排辅助工序是十分重要的。如果安排不当或遗漏，将会给后续工序和装配带来困难，甚至影响产品的质量，所以必须给予重视。

3.4　数控加工工序设计

3.4.1　机床的选择

对于机床而言，每一类机床的工艺范围、技术规格、加工精度、生产率及自动化程度都不同，其工艺范围，技术规格、加工精度，生产率及自动化程度都各不相同。为了正确地为每一道工序选择机床，除了充分了解机床的性能外，尚需考虑以下几点。

1）机床的类型应与工序划分的原则相适应。数控机床或通用机床适用于工序集中的单件小批生产；对大批大量生产，则应选择高效自动化机床和多刀、多轴机床。若工序按分散原则划分，则应选择结构简单的专用机床。

2）机床的主要规格尺寸应与工件的外形尺寸和加工表面的有关尺寸相适应。即小工件用小规格的机床加工，大工件用大规格的机床加工。

3）机床的精度与工序要求的加工精度相适应。粗加工工序，应选用精度低的机床；精度要求高的精加工工序，应选用精度高的机床。但机床精度不能过低，也不能过高。机床精度过低，不能保证加工精度；机床精度过高，会增加零件制造成本。应根据零件加工精度要求合理选择机床。

3.4.2　工件的定位与夹紧方案的确定

工件的定位基准与夹紧方案的确定，应遵循前面所述有关定位基准的选择原则与工件夹紧的基本要求。此外，还应该注意下列三点。

1）力求设计基准、工艺基准与编程原点统一，以减少基准不重合误差和数控编程中的计算工作量。

2）设法减少装夹次数，尽可能做到在一次定位装夹中，能加工出工件上全部或大部分待加工表面，以减少装夹误差，提高加工表面之间的相互位置精度，充分发挥数控机床的效率。

3）避免采用占机人工调整方案，以免占机时间太多，影响加工效率。

3.4.3　夹具的选择

数控加工的特点对夹具提出了两个基本要求：一是保证夹具的坐标方向与机床的坐标方向相对固定；二是要能协调零件与机床坐标系的尺寸。除此之外，重点考虑以下几点。

1）单件小批量生产时，优先选用组合夹具、可调夹具和其他通用夹具，以缩短生产准备时间和节省生产费用。

2）在成批生产时，才考虑采用专用夹具，并力求结构简单。

3）零件的装卸要快速、方便、可靠，以缩短机床的停顿时间，减少辅助时间。

4）为满足数控加工精度，要求夹具定位、夹紧精度高。

5）夹具上各零部件应不妨碍机床对零件各表面的加工，即夹具要敞开，其定位、夹紧元件不能影响加工中的走刀（如产生碰撞等）。

6）为提高数控加工的效率，批量较大的零件加工可采用气动或液压夹具、多工位夹具。

3.4.4　刀具的选择

与传统加工方法相比，数控加工对刀具的要求，尤其在刚性和耐用度方面更为严格。应根据机床的加工能力、工件材料的性能、加工工序、切削用量以及其他相关因素正确选用刀具及刀柄。刀具选择总的原则是：既要求精度高、强度大、刚性好、耐用度高，又要求尺寸稳定，安装调整方便。在满足加工要求的前提下，尽量选择较短的刀柄，以提高刀具的刚性。

当代所使用的金属切削刀具材料主要有五类：高速钢、硬质合金、陶瓷、立方氮化硼（CBN）、聚晶金刚石。

1）根据数控加工对刀具的要求，选择刀具材料的一般原则是尽可能选用硬质合金刀具。只要加工情况允许选用硬质合金刀具，就不用高速钢刀具。

2）陶瓷刀具不仅用于加工各种铸铁和不同钢料，也适用于加工有色金属和非金属材料。使用陶瓷刀片，无论什么情况都要用负前角，为了不易崩刃，必要时可将刃口倒钝。陶瓷刀具在下列情况下使用效果欠佳：短零件的加工；冲击大的断续切削和重切削；铍、镁、铝和钛等的单质材料及其合金的加工（易产生亲和力，导致切削刃剥落或崩刃）。

3）金刚石和立方氮化硼都属于超硬刀具材料，它们可用于加工任何硬度的工件材料，具有很高的切削性能，加工精度高，表面粗糙度值小。一般可用切削液。

聚晶金刚石刀片一般仅用于加工有色金属和非金属材料。

立方氮化硼刀片一般适用加工硬度大于 450HBS 的冷硬铸铁、合金结构钢、工具钢、高速钢、轴承钢，以及硬度不小于 350HBS 的镍基合金、钴基合金和高钴粉末冶金零件。

4）从刀具的结构应用方面，数控加工应尽可能采用镶块式机夹可转位刀片以减少刀具磨损后的更换和预调时间。

5）选用涂层刀具以提高耐磨性和耐用度。

3.4.5　确定走刀路线和工步顺序

走刀路线是刀具在整个加工工序中相对于工件的运动轨迹，它不但包括了工步的内容，而且也反映出工步的顺序。走刀路线是编写程序的依据之一。因此，在确定走刀路线时最好画一张工序简图，将已经拟定出的走刀路线画上去（包括进、退刀路线），这样可为编程带来不少方便。

工步顺序是指同一道工序中，各个表面加工的先后次序。它对零件的加工质量、加工效率和数控加工中的走刀路线有直接影响，应根据零件的结构特点和工序的加工要求等合理安排。工步的划分与安排一般可随走刀路线来进行，在确定走刀路线时，主要遵循以下原则。

（1）保证零件的加工精度和表面粗糙度

例如在铣床上进行加工时，因刀具的运动轨迹和方向不同，可能是顺铣或逆铣，其不同的加工路线所得到的零件表面的质量就不同。究竟采用哪种铣削方式，应视零件的加工要求、工件材料的特点以及机床刀具等具体条件综合考虑，确定原则与普通机械加工相同。数控机床一般采用滚珠丝杠传动，其运动间隙很小，并且顺铣优点多于逆铣，所以应尽可能采用顺铣。在精铣内外轮廓时，为了改善表面粗糙度，应采用顺铣的走刀路线加工方案。

对于铝镁合金、钛合金和耐热合金等材料，建议也采用顺铣加工，这对于降低表面粗糙度值和提高刀具耐用度都有利。但如果零件毛坯为黑色金属锻件或铸件，表皮硬而且余量较大，这时采用逆铣较为有利。

加工位置精度要求较高的孔系时，应特别注意安排孔的加工顺序。若安排不当，就可能将坐标轴的反向间隙带入，直接影响位置精度。如图 3-17（a）所示零件上六个尺寸相同的孔，有两种走刀路线。按图 3-17（b）所示路线加工时，由于 5、6 孔与 1、2、3、4 孔定位方向相反，X 向反向间隙会使定位误差增加，从而影响 5、6 孔与其他孔的位置精度。按图 3-17（c）所示路线加工时，加工完 4 孔后往上多移动一段距离至 P 点，然后折回来在 5、6 孔处进行定位加工，从而，使各孔的加工进给方向一致，避免反向间隙的引入，提高了 5、6 孔与其他孔的位置精度。

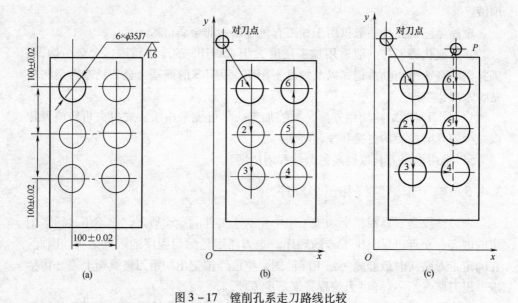

图 3－17　镗削孔系走刀路线比较

（a）零件图　　（b）差　　（c）好

刀具的进退刀路线要尽量避免在轮廓处停刀或垂直切入切出工件，以免留下刀痕。

（2）使走刀路线最短，减少刀具空行程时间，提高加工效率

图 3－18 所示为正确选择钻孔加工路线的例子。按照一般习惯，总是先加工

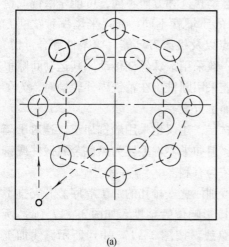
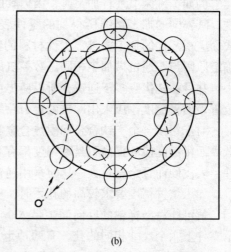

(a)　　　　　　　　　　　　　　(b)

图 3－18　最短加工路线选择

均布于同一圆周上的一圈孔后，再加工另一圈孔，如图 3 – 18（a）所示，这不是最好的走刀路线。对点位控制的数控机床而言，要求定位精度高，定位过程尽可能快。若按图 3 – 18（b）所示的进给路线加工，可使各孔间距的总和最小，空程最短，从而节省定位时间。

（3）最终轮廓一次走刀完成

图 3 – 19（a）所示为采用行切法加工内轮廓。加工时不留死角，在减少每次进给重叠量的情况下，走刀路线较短，但两次走刀的起点和终点间留有残余高度，影响表面粗糙度。图 3 – 19（b）是采用环切法加工，表面粗糙度较小，但刀位计算略为复杂，走刀路线也较行切法长。采用图 3 – 19（c）所示的走刀路线，先用行切法加工，最后再沿轮廓切削一周，使轮廓表面光整。三种方案中，图 3 – 19（a）方案最差，图 3 – 19（c）方案最佳。

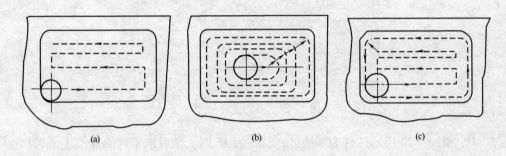

图 3 – 19　封闭内轮廓加工走刀路线
（a）行切法　　（b）环切法　　（c）先行切再环切

习题三

3 – 1　数控加工的特点是什么？

3 – 2　机械加工工艺过程由哪几部分组成？

3 – 3　机械加工工艺规程的作用是什么？

3 – 4　采用数控加工后，产品的质量、生产效率与综合效益等方面都会得到明显提高，但是有些内容不宜选择数控加工，具体包括哪些？

3 – 5　数控加工的步骤包括哪些？

3 – 6　什么是工序和工步？划分工序和工步的依据是什么？

3 – 7　数控机床上加工的零件，一般按什么原则划分工序？如何划分？

3 – 8　图 3 – 20 所示为一个需要加工单个外圆的零件，尺寸为 $\phi20\text{mm} \times 50\text{mm}$，材料为 45 钢。试对该零件额加工工艺和加工路线进行分析。

3 – 9　如图 3 – 21 所示零件中间有通孔，材料为 45 钢。试对该零件的加工工艺和加工路线进行分析。

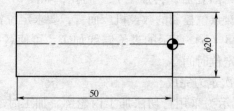

图 3 - 20　零件主要尺寸

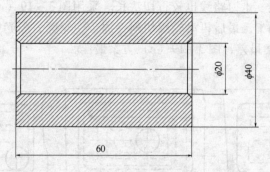

图 3 - 21　零件主要尺寸

3 - 10　图 3 - 22 所示工件为圆锥体，材料为 45 钢。试对该零件的加工工艺和加工路线进行分析。

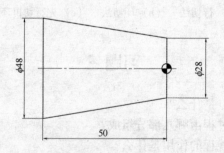

图 3 - 22　零件主要尺寸

第 4 章 数控车削加工工艺

数控车床是数控机床中应用最为广泛的一种机床。数控车床在结构及其加工工艺上都与普通车床相类似，但由于数控车床是通过电子计算机数字化信号控制的机床，其加工是通过事先编制好的加工程序来控制，所以在工艺特点上又与普通车床有所不同。

本章将着重介绍数控车床的加工工艺。

4.1 数控车削加工的主要对象

数控车削是数控加工中用得最多的加工方法之一。由于数控车床具有加工高精度、高效率、高柔性化、能作直线和圆弧插补，以及能在加工过程中自动变速的特点，因此其工艺范围较普通机床宽得多，凡是能在普通车床上装夹的回转体零件都能在数控车床上加工。根据数控车床的特点，下列几种零件最适合数控车削加工。

4.1.1 轮廓形状特别复杂或难于控制尺寸的回转体零件

由于数控车床具有直线和圆弧插补功能，还有部分数控车床具有某些非圆曲线插补功能，故能车削由任意直线和平面曲线轮廓组成的形状复杂的回转体零件。难于控制尺寸的零件如具有封闭内成型面壳体零件，如图 4-1 所示的壳体零件封闭内腔的成形面"口小肚大"，在普通车床是无法加工的，而在数控车床上则很容易加工出来。

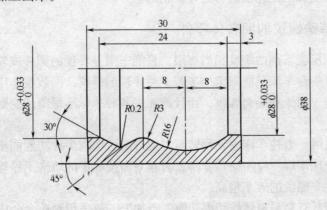

图 4-1 壳体零件封闭内腔

组成零件轮廓的曲线可以是数学方程式描述的曲线，也可以是列表曲线。对于由直线或圆弧组成的轮廓，直接利用机床的直线或圆弧插补功能。对于由非圆曲线组成的轮廓，可以用非圆曲线插补功能；若所选机床没有非圆曲线插补功能，则应先用直线或圆弧去逼近，然后再用直线或圆弧插补功能进行插补切削。

4.1.2 精度要求高的回转体零件

零件的精度要求主要指尺寸、形状、位置等精度要求。例如，尺寸精度高（达 0.001mm 或更小）的零件；圆柱度要求高的圆柱体零件；素线直线度、圆度和倾斜度均要求高的圆锥体零件；在特种精密数控车床上，还可加工出几何轮廓精度极高（达 0.0001mm）、表面粗糙度数值极小（Ra 达 0.02μm）的超精零件（如复印机中的回转鼓及激光打印机上的多面反射体等）。

由于数控车床的刚性好，制造和对刀精度高，以及能方便和精确地进行人工补偿，甚至自动补偿，所以它能够加工尺寸精度要求高的零件。一般来说，车削 IT7 级尺寸精度的零件应该没什么困难，在有些场合可以以车代磨。

由于数控车削时刀具运动是通过高精度插补运算和伺服驱动来实现的，再加上机床的刚性好和制造精度高，所以，它能加工对素线直线度、圆度、圆柱度要求高的零件。对圆弧以及其他曲线轮廓的形状，加工出的形状与图样上的目标几何形状的接近程度，比仿形车床要好得多。车削曲线母线形状的零件常采用数控线切割加工，并用稍加修磨的样板来检查。数控车削出来的零件形状精度，不会比这种样板本身的形状精度差。

数控车削对提高位置精度特别有效，不少位置精度要求高的零件用传统的车床车削达不到要求，只能用磨削或其他方法弥补。车削零件位置精度的高低主要取决于零件的装夹次数和机床的制造精度，在数控车床上加工，如果发现要求位置精度较高，可以用修改程序内数据的方法来校正，这样可以提高其位置精度，而在传统车床上加工是无法进行这种校正的。

4.1.3 带特殊螺纹的回转体零件

普通车床所能车削的螺纹相当有限，只能车削等导程的圆柱或端面米制、英制螺纹，而且一台车床只能限定加工若干种导程的螺纹，而数控车床不但能加工等导程的圆柱、圆锥和端面螺纹，而且能加工各种非标准螺距或变螺距等特殊螺旋类零件。

加工螺纹时，数控车床主轴回转与刀架进给可实现多种功能同步，主轴转向不必像普通车床那样正反向交替变换，刀具只需按确定的轨迹不停地循环加工直到完成，因此车螺纹的效率很高。

数控车床具有高精密螺纹切削功能，再加上一般采用硬质合金成形刀具以及可以使用较高的转速，所以车削出来的螺纹精度高，表面粗糙度值小。

4.1.4　表面粗糙度要求高的回转体零件

数控车床具有恒线速度切削功能，能加工出表面粗糙度值小而均匀的零件，因为在材质、精车余量和刀具已定的情况下，表面粗糙度取决于进给量和切削速度。在普通车床上切削锥面、球面和端面时，切削速度变化致使车削后的表面粗糙度不一致。使用数控车床的恒线速度切削功能，就可选用最佳线速度来切削锥面、球面和端面等，使车削后的表面粗糙度值小而均匀。

4.2　数控车削加工常用刀具及选择

数控车削与传统的车削方法相比对刀具的要求更高，不仅要求精度高、刚度好、寿命长，而且要求尺寸稳定、安装调整方便。这就要求采用新型优质材料制造数控加工刀具，并优选刀具参数。

由于工件材料、生产批量、加工精度，以及机床类型、工艺方案均不同，车刀的种类也非常多。根据与刀体的连接固定方式的不同，车刀主要可分为焊接式与机械夹固式两大类。

4.2.1　焊接式车刀

将硬质合金刀片用焊接的方法固定在刀体上，为焊接式车刀。这种车刀的优点是结构简单、制造方便、刚性较好；通过刃磨可得到所需的车刀几何角度，因此使用较灵活。缺点是由于存在焊接应力和裂纹，使刀具材料的使用性能受到影响。刀杆不能重复使用，硬质合金刀片也不能充分利用，造成浪费。

根据工件加工表面以及用途不同，焊接式车刀又可分为切断车刀、外圆车刀、端面车刀、内孔车刀、螺纹车刀以及成形车刀等，如图 4 - 2 所示。

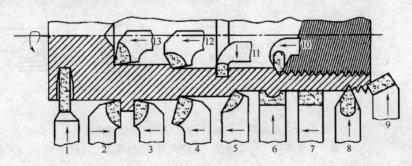

图 4 - 2　焊接式车刀

1—切断刀　2—左偏刀　3—右偏刀　4—弯头车刀　5—直头车刀　6—成型车刀
7—宽刃精车刀　8—外螺纹车刀　9—端面车刀　10—内螺纹车刀
11—内槽车刀　12—通孔车刀　13—不通孔车刀

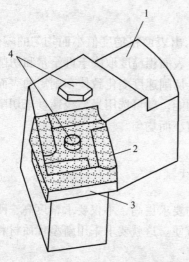

图4-3 机械夹固式可转位车刀
1—刀杆 2—刀片
3—刀垫 4—夹紧元件

4.2.2 机夹可转位车刀

机夹可转位车刀是将刀片用夹紧元件固定在刀杆上的一种车刀。如图4-3所示，机械夹固式可转位车刀由刀杆、刀片、刀垫以及夹紧元件组成。刀片每边都有切削刃，当某切削刃磨损钝化后，只需要松开夹紧元件，将刀片转一个位置便可继续使用。机夹式车刀的优点是不经高温焊接，可避免因高温焊接而引起的刀片硬度下降和产生裂纹等缺陷，并且刀柄可多次重复使用，刀片能充分利用，因此提高了刀具寿命。

刀片可分为带圆孔、带沉孔以及无孔三大类，形状有三角形、正方形、五边形、六边形、圆形及菱形等共17种。图4-4所示为几种常见的可转位车刀刀片形状与角度。

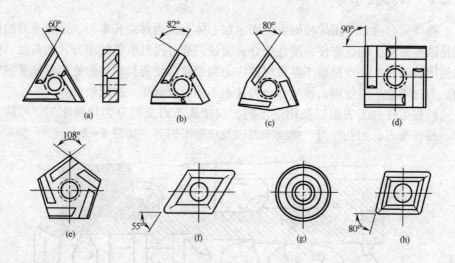

图4-4 几种常见的可转位车刀刀片形状与角度
（a）T型 （b）F型 （c）W型 （d）S型 （e）P型 （f）D型 （g）R型 （h）C型

4.3 坐标系

数控车床坐标系统分为机床坐标系和工件坐标系（编程坐标系）。

4.3.1　机床坐标系

在数控车床上以机床原点为坐标系原点建立起来的 X、Z 轴笛卡儿坐标系称为机床坐标系。车床的机床原点为主轴旋转中心与卡盘后端面的交点（O 点）。机床坐标系是制造和调整机床的基础，也是设置工件坐标系的基础，一般不允许随意变动，如图 4 – 5 所示。

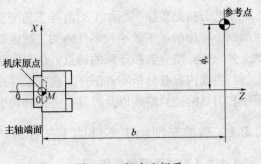

图 4 – 5　机床坐标系

4.3.2　参考点

参考点是机床上的一个固定点，该点是刀具退离到一个固定不变的极限点（图 4 – 5 中点 O' 为参考点），其位置由机械挡块或行程开关确定。以参考点为原点，坐标方向与机床坐标方向相同而建立的坐标系称为参考坐标系，在实际使用中通常以参考坐标系计算坐标。

4.3.3　工作坐标系（编程坐标系）

数控编程时应该首先确定工件坐标系和工件原点。零件在设计时有设计基准，在加工过程中有工艺基准，同时应尽量将工艺基准与设计基准统一，该统一的基准点通常为工作原点。以工件原点为坐标原点建立起来的 X、Z 轴笛卡儿坐标系称为工件坐标系。如图 4 – 6 所示，在车床上工件原点可以选择在工件的右端面上（O 点），即工件坐标系是将参考坐标系通过对刀平移得到的。

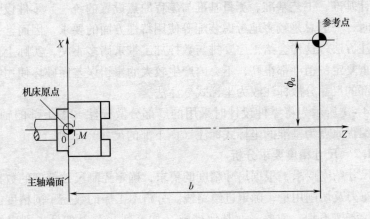

图 4 – 6　工件坐标系

4.4 数控车削加工工艺分析

工艺分析是数控车削加工的前提工艺准备工作，工艺制订得合理与否，对程序编制、机床的加工效率和零件的加工精度都有重要的影响。因此，应遵循一般的工艺原则并结合数控车床的特点，认真而详细地制订好零件的数控车削加工工艺。其主要内容有分析零件图样、确定工件在车床上的装夹方式、各表面的加工顺序和刀具的进给路线以及刀具、夹具和切削用量的选择等。

4.4.1 数控车削加工零件的工艺性分析

4.4.1.1 零件图样分析

零件图分析是制订数控车削工艺的首要工作，其主要包括以下内容。

（1）构成零件轮廓的几何条件分析

1）分析零件图上几何条件是否充分　零件图上尺寸标注方法应适应数控车床加工的特点，如果零件图上漏掉某尺寸，图线位置模糊、尺寸标注模糊不清及尺寸封闭缺陷，使其几何条件不充分，手工编程时，某些节点坐标无法计算，在自动编程时，构成零件轮廓的某些几何元素无法定义，无法编程。

2）分析零件图上给定的几何条件是否合理　在手工编程时，要计算每个节点坐标，在自动编程时，要对构成零件轮廓的所有几何元素进行定义，因此在分析零件图时，要分析几何元素的给定条件是否充分。

（2）零件图上尺寸标注方法分析

对于数控加工来说，零件图上应以同一基准引注尺寸或直接给出坐标尺寸，这就是坐标标注法。这种尺寸标注法既便于编程，也便于尺寸之间的相互协调，又利于设计基准、工艺基准、测量基准与编程原点设置的统一。零件设计人员在标注尺寸时，一般总是较多地考虑装配等使用特性方面的要求，因而常采用局部分散的标注方法，这样会给工序安排与数控加工带来诸多不便，实际上，数控加工精度及重复定位精度都很高，不会因产生较大的累积误差而破坏使用特性，因此可将局部的尺寸分散标注改为坐标式标注法。

如图4-7所示为将零件设计时采用的局部分散标注（图上部的轴向尺寸）换算为以编程原点为基准的坐标式标注（图下部的尺寸）示例。

4.4.1.2 尺寸精度要求分析

分析尺寸精度要求，根据尺寸精度的要求，确定控制尺寸精度的数控工艺方法，确定车刀及切削用量，确定进给路线。分析本工序的数控车削精度能否达到图样要求，若达不到，需要采取其他措施（如磨削）弥补的话，则应给后续工序留有余量。

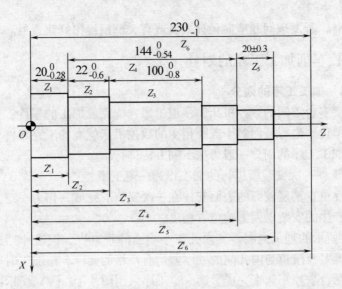

图 4 - 7 零件尺寸标注分析

4.4.1.3 形状和位置精度的要求分析

分析形状和位置精度的要求，根据形状和位置精度的要求，确定控制形状和位置精度的数控工艺方法，有位置精度要求的表面应尽量在一次安装下完成。

4.4.1.4 表面粗糙度要求分析

分析表面粗糙度要求，根据表面粗糙度要求，选择合适的加工方法，合理划分加工阶段，确定合适的数控工艺方法。例如，数控车削加工时，加工各种变径表面类零件，随尺寸的变化，车削的线速度发生变化，表面粗糙度也发生改变，因此，表面粗糙度要求较高的表面，应确定用恒线速切削。

4.4.1.5 材料与热处理要求分析

零件图的材料型号与热处理要求是确定切削用量、工艺内容、刀具、数控车床的型号的依据。

4.4.1.6 结构工艺性分析

零件的结构工艺性是指零件对加工方法的适应性，即所设计的零件结构应便于数控编程加工。在数控车床上加工零件时，应根据数控车削的特点，认真审视零件结构的合理性。如图 4 - 8（a）所示的零件，三个槽宽度不一样，增加了编程工作量，如无特殊需要，显然是不合理的，应改成图 4 - 8（b）所示的结构。

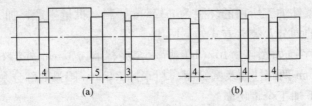

图 4 - 8 零件的结构工艺性

在结构分析时，若发现问题应向设计人员或有关部门提出修改意见。

4.4.2 数控车削加工工序的划分

4.4.2.1 加工工序的划分

对于需要多台不同的数控机床、多道工序才能完成加工的零件，工序划分自然以机床为单位来进行。而对于需要很少的数控机床就能加工完零件全部内容的情况，数控加工工序的划分一般可按下列方法进行。

（1）以工件一次安装所进行的加工作为一道工序

对于相互位置精度较高的表面安排在一次安装下完成，作为一道工序，以免多次安装所产生的安装误差影响位置精度。

图4-9所示的轴承内圈，其内孔对小端面的垂直度、滚道和挡边对内孔回转中心的角度差及滚道与内孔间的壁厚差均有严格的要求，精加工时可划分成两道工序，用两台数控车床来完成。第一道工序采用图4-9（a）所示的以大端面和大外径装夹的方案，将滚道、挡边、小端面及内孔等安排在一次安装下车出，很容易保证上述的位置精度。第二道工序采用4-9（b）所示的以内孔和小端面装夹方案，车削大外圆和大端面。

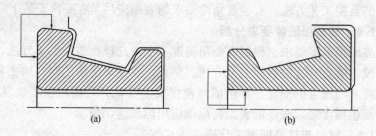

图4-9 轴承内圈加工装夹方案

（2）以粗、精加工划分工序

对毛坯余量较大和加工精度要求较高的零件，应将粗车与精车分开，划分成两道或更多工序。一般将粗车安排在精度较低、功率较大的数控车床上，将精车安排在精度较高的数控车床上。如图4-9所示的轴承内圈就是按粗、精加工划分工序的。

下面以车削图4-10（a）所示的手柄零件为例，说明工序的划分及安装方式的选择。该零件加工所用的坯料为ϕ32mm棒料，批量生产，加工时用一台数控车床。工序的划分及装夹方式如下所述。

第一道工序：如图4-10（b）所示，夹棒料ϕ32mm外圆柱面，先车出ϕ12mm和ϕ20mm两圆柱面及圆锥面（粗车掉R42mm圆弧的部分余量），换刀后按总长要求留下加工余量切断。

第二道工序：如图4-10（c）所示，用ϕ12mm外圆及ϕ20mm端面装夹，

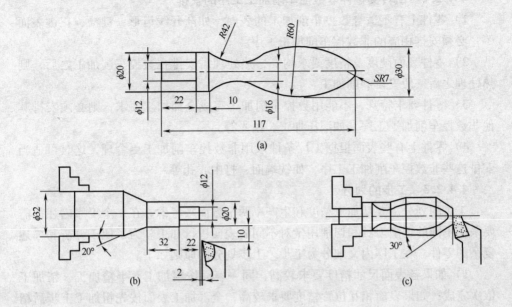

图 4 - 10　手柄加工示意图

用循环车削余量的方法车削 *SR*7mm 球面、*R*60、*R*42 的圆弧面（先分几刀循环粗车，最后将全部圆弧表面一刀精车成型）。

（3）以一个完整数控程序连续加工的内容为一道工序

对于有些能在一次安装中加工出很多待加工面的零件，因程序太长，导致机床连续工作时间太长，机床内存不足，增加出错率。因此，可以以一个完整数控程序连续加工的内容（一个加工表面的程序）为一道工序。

（4）以一把刀具加工的内容为一道工序

为了减少换刀次数，缩短空行程，对于加工内容较多的零件，按零件结构特点将加工内容组合分成若干部分，每一部分用一把典型刀具加工。这时可以将组合在一起的所有部位作为一道工序。

综上所述，在数控加工划分工序时，一定要根据零件的结构与工艺性、零件的批量、机床的功能，零件数控加工内容的多少、程序的大小、安装次数及本单位生产组织状况灵活掌握。

（5）数控车削加工工序与普通工序的衔接

数控车削加工仅是一道或几道数控加工工序，而不是指从毛坯到成品的整个工艺过程。因此，数控车削加工工序前后很多都穿插有普通的加工工序，如果衔接的不好，就会在加工中产生冲突和矛盾，此时应该建立相互状态要求。其目的就是使数控车削加工工序和普通加工工序都能够达到相互满足各自加工的需要，而且质量目标与技术要求明确。

4.4.2.2 回转类零件非数控车削加工工序的安排

1）零件上有不适合数控车削加工的表面，如渐开线齿形、键槽、花键表面等，必须安排相应的非数控车削加工工序。

2）零件表面硬度及精度要求均高，热处理需安排在数控车削加工之后，则热处理之后一般安排磨削加工。

3）零件要求特殊，不能用数控车削加工完成全部加工要求，则必须安排其他非数控车削加工工序，如滚压加工、抛光等。

4）零件上有些表面根据工厂条件采用非数控车削加工更合理，这时可适当安排这些非数控车削加工工序，如铣端面、打中心孔等。

4.4.2.3 工步的划分

工步的划分主要从加工精度和生产率两个方面来考虑。在一个工序内往往需要采用不同的切削刀具和切削用量对不同的表面进行加工。为了便于分析和描述复杂的零件，在工序内又细分为工步。工步划分的原则如下。

1）如果各表面尺寸精度要求较高，同一表面按粗加工、半精加工、精加工依次完成；如果表面相互位置精度要求较高，全部加工表面按先粗加工工步后精加工工步分开进行。

2）按加工部位划分工步，可以以完成相同表面的加工过程为一个工步；如果完成相同表面的加工过程由粗加工、精加工依次完成，也可以将此过程划分为二个工步。

3）按使用刀具来划分工步，某些机床工作台的回转时间比换刀时间短，可以采用按使用刀具划分工步，以减少换刀次数，提高加工效率。

4.4.2.4 加工顺序安排的一般原则

（1）基面先行

用作精基准的表面应先行加工出来，这是因为用作定位的基准越精确，装夹误差就越小。即前道工序的加工能够为后面的工序提供精加工基准和合适的装夹表面。制定零件的整个工艺路线实质上就是从最后一道工序开始从后往前推，按照前道工序为后道工序提供基准的原则来进行安排的。

例如，轴类工件加工时，总是先车端面，再打中心孔，再以中心孔定位加工外圆。

（2）先粗后精

如果各表面尺寸精度要求较高，对同一表面进行粗车，半精车，精车的顺序加工，同一表面加工结束后，再对其他表面进行粗车，半精车，精车的顺序加工。

如果表面相互位置精度要求较高，先对各表面进行粗车，全部粗加工结束后再对各表面进行半精车，最后对各表面进行精车，逐步提高加工精度。此工步顺序安排的原则要求：粗车在较短的时间内将工件各表面上的大部分加工余量（图

4 – 11 中的双点画线内所示部分）切掉，精车
留有足够均匀精加工余量，最后一刀连续精车
完成至尺寸要求。这样有利于保证零件的加工
精度，适用于精度要求高的场合，但可能增加
换刀的次数和加工路线的长度。

（3）先近后远

这里的远与近，是指工件的加工部位相对
于工件的右端面和程序的起点而言的。

在一般情况下，离程序的起点近的部位先
加工，离程序的起点远的部位后加工，以便缩
短刀具移动距离，减少空行程时间。

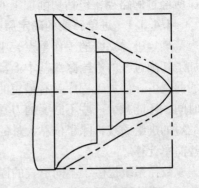

图 4 – 11　先粗后精示例

例如，当加工图 4 – 12 所示的零件时，如果按 ϕ38mm、ϕ36mm、ϕ34mm 的
次序安排车削，不仅会增加刀具返回对刀点所需的空行程时间，而且一开始就削
弱了工件的刚性，还可能使台阶的外直角处产生毛刺。对这类直径相差不大的台
阶轴，当第一背吃刀量（图 4 – 12 中最大背吃刀量为 3mm 左右）未超限时，宜
按 ϕ34mm、ϕ36mm、ϕ38mm 的次序先近后远地车削。

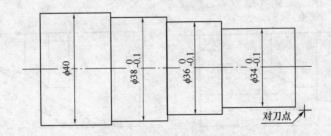

图 4 – 12　先近后远示例

（4）先内后外

对既有内表面（内型腔）又有外表面需要加工的零件，安排加工顺序时，
通常应先进行内外表面粗加工，后进行内外表面精加工。

（5）连接进行

以相同定位、夹紧方式安装的工序，应该连接进行，以便减少重复定位次数
和夹紧次数。

（6）综合考虑合理安排加工顺序

加工中间穿插有通用机床加工工序的零件加工，要综合考虑合理安排加工
顺序。

4.4.3　进给路线的确定

进给路线一般指刀具从程序的起点开始运动，直至返回该点并结束加工，程

序所经过的路径，包括切削加工的路径以及刀具切入、切出等非切削空行程。

4.4.3.1 进给路线的确定原则

确定进给路线的工作重点，主要在于确定粗加工及空行程的进给路线，因精加工切削过程的进给路线基本上都是沿其零件轮廓顺序进行的。在保证加工质量的前提下，使加工程序具有最短的进给路线，不仅可以节省整个加工过程的执行时间，还能减少一些不必要的刀具消耗及机床进给机构滑动部件的磨损等。实现最短的进给路线，除了依靠大量的实践经验外，还应善于分析，必要时可辅以一些简单计算。

数控系统提供了不同形式的固定循环功能指令，以简化编程，固定循环指令分单一形状固定循环指令和复合形状固定循环指令，这些循环指令可以适应不同结构形状的零件。

（1）粗加工进给路线

1）单一形状固定循环进给路线的确定

图 4-13（a）所示为利用数控系统具有的单一形状固定循环指令而安排的"矩形"循环进给路线；图 4-13（b）所示为利用数控系统具有的单一形状固定循环指令安排的"锥形"循环进给路线。为使粗加工余量不至于过大，可分几次使用单一形状固定循环指令。

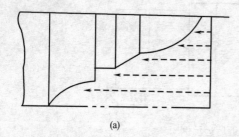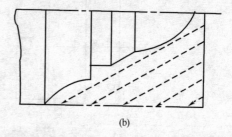

（a）
（b）

图 4-13　单一形状固定循环进给路线
（a）"矩形"循环进给路线　　（b）"锥形"循环进给路线

2）复合形状固定循环进给路线的确定

①带有圆锥面的复杂轴类零件用单一形状固定循环指令：加工带有圆锥面的工件时，计算节点坐标会增加工作量，程序段过长并且编程烦琐。复杂轴类零件如图 4-14 所示，可采用外圆粗车固定循环指令 G71 加精车循环指令 G70 编程加工。采用指令 G71 加工时，进给路线为：平行于 Z 轴的多次循环切削—粗加工—精加工。

②毛坯轮廓与零件轮廓形状基本接近的铸造或锻造毛坯如图 4-15 所示，铸造或锻造毛坯零件采用封闭循环切削指令 G73 加精车循环指令 G70 编程加工，按照一定的切削形状逐渐地接近最终形状。对于不具备成型条件的工件，若采用封闭循环切削指令 G73 加工，会增加刀具在切削过程中的空行程。

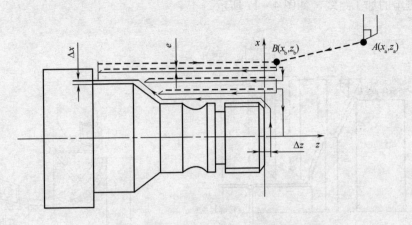

图 4 – 14　外圆粗车固定循环加精车循环编程加工

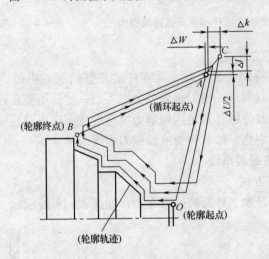

图 4 – 15　封闭循环切削加精车循环编程加工

　　③带圆弧形状的复杂轴类零件：带圆弧形状的轴类零件如果采用外圆粗车固定循环指令 G71 加精车循环指令 G70 编程加工，如图 4 – 14 所示，在粗加工时，圆弧部分不进行平行与 Z 轴的多次循环切削，而只有一刀粗车，如果圆弧 R 值较小，会导致圆弧部分尺寸精度和表面粗糙度值低。因此，零件其他部分采用外圆粗车固定循环指令 G71 加精车循环指令 G70 编程加工，圆弧部分可采用封闭循环切削指令 G73 加精车循环指令 G70 编程加工。

　　④带有圆锥面的盘类零件可采用端面粗车固定循环指令 G72 加精车循环指令 G70 编程加工。如图 4 – 16 所示，采用循环指令 G72 加工时，进给路线为：平行于 X 轴的多次循环切削—粗加工—精加工。

　　3）双向切削进给路线

　　利用数控车床加工的特点，还可以使用横向和径向双向进刀。沿着零件毛坯轮廓进给的加工路线，如图4－17所示。

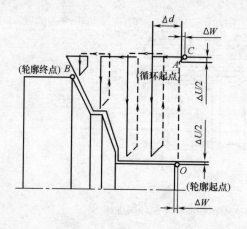

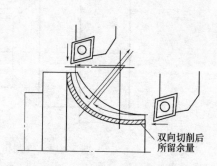

图4－16　端面粗车固定循环加精车循环编程加工　　图4－17　双同切削进给路线

（2）精加工进给路线

在安排进行的精加工工序时，其零件的完整轮廓应由最后一刀连续加工而成，这时，加工刀具的进、退刀位置要考虑妥当，尽量不要在连续的轮廓中安排切入和切出或换刀及停顿，以免因切削力突然变化而造成弹性变形，致使光滑连接轮廓上产生表面划伤、形状突变或滞留刀痕等缺陷。

4.4.3.2　确定退刀路线

（1）斜线退刀方式

斜线退刀方式是加工外圆的退刀方式，如图4－18所示。

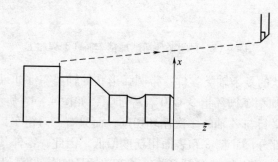

图4－18　斜线退刀方式

（2）切槽刀退刀方式

切槽刀退刀方式在切槽完毕后刀具先径向退刀，退到指定位置，再斜线退刀，如图4－19所示。

（3）镗孔刀退刀方式

镗孔刀退刀方式是刀具先轴向退刀，退到指定位置，再斜线退刀，如图

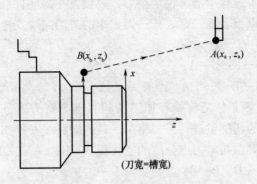

图 4 – 19　切槽刀退刀方式

4 – 20 所示。

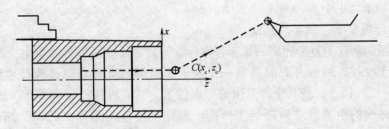

图 4 – 20　镗孔刀退刀方式

4.4.3.3　确定最短的空行程路线

最短的空行程路线主要有以下几点。

（1）巧用起刀点

图 4 – 21（a）所示为采用矩形循环方式进行粗车的一种情况。其对刀点 A

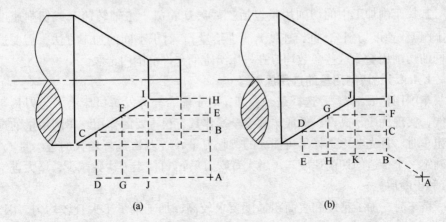

图 4 – 21　巧用起刀点

（a）起刀点与对刀点重合　　（b）起刀点与对刀点分离

的设定是考虑到加工过程中需方便地换刀，故设置在离坯件较远的位置处，同时将起刀点与其对刀点重合在一起，按三刀粗车的进给路线安排如下：

第一刀：A—B—C—D—A；

第二刀：A—E—F—G—A；

第三刀：A—H—I—J；

图 4－21（b）则是恰巧将循环加工的起刀点与对刀点分离，并设于图示 B 点位置，仍按相同的切削量进行三刀粗车，其进给路线安排如下：

循环加工的起刀点与对刀点分离的空行程 A—B；

第一刀：B—C—D—E—B；

第二刀：B—F—G—H—B；

第三刀：B—I—J—K—B；

显然，图 4－21（b）所示的进给路程短。该方法也可用在其他循环（如螺纹车削）切削加工中。

（2）合理安排"回零"路线

在手工编制较为复杂轮廓的加工程序时，为使其计算过程尽量简化，既不出错，又便于校核，编程者有时将每一刀加工完后的刀具终点通过执行"回零"（返回对刀点）指令，使其全都返回对刀点位置，然后再执行后续程序。这样会增加进给路线的距离，从而降低生产率。因此，在合理安排"回零"路线时，应使其前一刀终点与后一刀起点间的距离尽量减短，或者为零，即可满足进给路线为最短的要求。另外，在选择返回对刀点指令时，在不发生加工干涉现象的前提下，宜尽量采用 X、Z 轴双向同时"回零"指令，该指令功能的"回零"路线将是最短的。

4.4.4 切削用量的选择

数控车削加工中的切削用量包括：背吃刀量 α_p、主轴转速 n 或切削速度 v_c（用于恒线速度切削），进给速度 v_f 或进给量 f。对于不同的加工方法，需要选择不同的切削用量。这些参数均应在机床给定的允许范围内选取。

4.4.4.1 切削用量的选用原则

车削用量 α_p、f、v_c 选择是否合理，对于能否充分发挥机床潜力与刀具切削性能，实现优质、高产、低成本和安全操作具有很重要的作用。车削用量的选择是粗车时，首先考虑选择尽可能大的背吃刀量 α_p，其次选择较大的进给量 f，最后确定一个合适的切削速度 v_c。增大背吃刀量 α_p 可使走刀次数减少，增大进给量 f 有利于断屑。

精车时，加工精度和表面粗糙度要求较高，加工余量不大且较均匀，因此，选择精车的车削用量时，应着重考虑如何保证加工质量，并在此基础上尽量提高生产率。因此，精车时应选用较小（但不能太小）的背吃刀量 α_p 和进给量 f，并选用性能高的刀具材料和合理的几何参数，以尽可能提高切削速度 v_c。表 4 - 1 是推荐的车削用量数据，供参考。

表 4 - 1   数控车削用量推荐表

工件材料	加工内容	背吃刀量 α_p/mm	切削速度 v_c/ (m · min^{-1})	进给量 f/ (mm · r^{-1})	刀具材料
碳素钢 $\sigma_b > 600\text{MPa}$	粗加工	5 ~ 7	60 ~ 80	0.2 ~ 0.4	YT 类
	粗加工	2 ~ 3	80 ~ 120	0.2 ~ 0.4	
	精加工	0.2 ~ 0.6	120 ~ 150	0.1 ~ 0.2	
	钻中心孔		500 ~ 800 (r · min^{-1})		W18Cr4V （高速钢）
	钻孔		~ 30	0.1 ~ 0.2	
	切断（宽度 <5mm）		70 ~ 110	0.1 ~ 0.2	YT 类
铸铁 200HBS 以下	粗加工		50 ~ 70	0.2 ~ 0.4	YG 类
	精加工		70 ~ 100	0.1 ~ 0.2	
	切断（宽度 <5mm）		50 ~ 70	0.1 ~ 0.2	

4.4.4.2 背吃刀量的确定

（1）光车时的背吃刀量

在机床、工件、刀具的刚度和机床功率许可的条件下，尽可能取大的背吃刀量，以减少走刀次数。当余量过大、工艺系统刚性不足时可分次切除余量，各次的余量按递减原则确定；当零件的精度要求较高时，应考虑半精加工，余量常取 0.6 ~ 2mm，精加工余量常取 0.2 ~ 0.5mm。

（2）车削螺纹时的背吃刀量

车削螺纹时，每次走刀的背吃刀量（进刀量）与走刀次数是两个重要的参数，通常可以取下列两种方式以提高螺纹的车削质量。

1）递减进刀方式   递减进刀方式车削螺纹时，每一次走刀的进刀量是逐步减少的，这种走刀方式在现代 CNC 车床上普遍使用。

①经验法：进刀量为

$$\alpha_p = 0.65p$$

式中 α_p——螺纹全深（mm）

      p——螺距（mm）

根据经验将螺纹全深按递减原则分配到每一次走刀量的进刀量。

例如，加工 M30 × 1.5 的外螺纹，螺纹直径的总余量 $2a_p = 1.3p = 1.3 \times 1.5 = 1.95\text{mm}$，直径进刀量分配如下：

第一刀进刀量为 0.6mm；

第二刀进刀量为 0.4mm；

第三刀进刀量为 0.3mm；

第四刀进刀量为 0.3mm；

第五刀进刀量为 0.2mm；

第六刀进刀量为 0.15mm。

②查表法：表 4－2、表 4－3 给出了车削中等强度钢内、外螺纹单边进刀量的参考值，实际使用时应根据具体情况进行调整。出现崩刃时，应增加走刀次数，当刀具磨损加剧时，应减少走刀次数，加工高强度工件材料时，要增加走刀次数，同时减少第一次走刀的进刀量。

表 4－2　　　　　　　　　　车削中等强度钢内螺纹的进刀量

走刀次序	螺距/mm												
	0.5	0.75	1.0	1.25	1.5	1.75	2.0	2.5	3.0	3.5	4.0	4.5	5.0
	进刀量/mm												
1	0.15	0.20	0.20	0.25	0.25	0.25	0.30	0.30	0.30	0.35	0.35	0.40	0.40
2	0.08	0.15	0.15	0.15	0.25	0.25	0.25	0.25	0.25	0.30	0.30	0.35	0.35
3	0.06	0.08	0.15	0.15	0.15	0.20	0.20	0.25	0.25	0.25	0.25	0.30	0.30
4	0.03	0.05	0.07	0.10	0.15	0.10	0.15	0.20	0.20	0.20	0.20	0.25	0.25
5			0.06	0.07	0.06	0.08	0.10	0.15	0.15	0.20	0.20	0.25	0.25
6				0.06		0.07	0.06	0.10	0.15	0.15	0.20	0.20	0.25
7						0.07	0.06	0.10	0.10	0.15	0.20	0.20	0.25
8						0.06	0.06	0.08	0.10	0.15	0.15	0.20	0.20
9								0.06	0.10	0.10	0.10	0.15	0.20
10								0.06	0.07	0.08	0.10	0.10	0.15
11									0.06	0.07	0.10	0.10	0.15
12									0.06	0.06	0.07	0.07	0.10
13											0.06	0.07	0.09
14											0.06	0.06	0.06

表 4－3　　　　　　　　　　车削中等强度钢外螺纹的进刀量

走刀次序	螺距/mm												
	0.5	0.75	1.0	1.25	1.5	1.75	2.0	2.5	3.0	3.5	4.0	4.5	5.0
	进刀量/mm												
1	0.15	0.20	0.20	0.25	0.25	0.25	0.30	0.30	0.35	0.35	0.35	0.40	0.40
2	0.10	0.15	0.17	0.20	0.25	0.25	0.25	0.30	0.30	0.30	0.35	0.35	0.40
3	0.06	0.10	0.15	0.12	0.20	0.20	0.20	0.25	0.25	0.25	0.30	0.35	0.35

续表

走刀次序	螺距/mm												
	0.5	0.75	1.0	1.25	1.5	1.75	2.0	2.5	3.0	3.5	4.0	4.5	5.0
	进刀量/mm												
4	0.03	0.05	0.10	0.10	0.12	0.10	0.15	0.20	0.20	0.25	0.25	0.30	0.30
5		0.06	0.10	0.10	0.10	0.15	0.15	0.15	0.20	0.20	0.25	0.25	
6				0.06	0.06	0.10	0.10	0.10	0.15	0.20	0.20	0.20	0.25
7						0.06	0.07	0.10	0.10	0.10	0.20	0.20	0.25
8							0.06	0.06	0.07		0.15	0.15	0.20
9									0.06	0.10	0.10	0.15	0.20
10								0.06	0.07	0.08	0.10	0.10	0.15
11									0.06	0.07	0.10	0.10	0.15
12									0.06	0.07	0.08	0.10	0.10
13											0.07	0.10	0.10
14											0.07	0.07	0.06

2）稳定进刀方式　稳定进刀方式车削螺纹时，每一次走刀的进刀量相等。采用这种进刀方式车削螺纹时，可以得到良好的切屑控制和较高的刀具寿命，适用于新机床。进刀量应不小于 0.08mm，一般为 0.12 ~ 0.18mm。

注意：按照上述方法确定的车削用量进行加工，工件表面的加工质量未必十分理想。因此，切削用量的具体数值还应根据机床性能、相关的手册并结合实际经验用模拟的方法确定，使主轴转速、进刀量及进给速度能相互适应，以形成最佳切削用量。

4.4.4.3　进给速度 v_f 或进给量 f 的确定

进给速度是指在单位时间内，刀具沿进给方向移动的距离 v_f（mm/min）。进给速度 v_f 包括纵向进给速度和横向进给速度。有些数控车床规定可以选用进给量 f（mm/r）表示进给速度。

（1）光车时的进给速度 v_f 或进给量 f

1）进给速度的确定原则

①当工件的质量要求能够得到保证时，可选择较高的进给速度，一般为 100 ~ 200mm/min；

②当切断、车削深孔或精车时，宜选择较低的进给速度，一般为 20 ~ 50mm/min；

③当用高速钢刀具车削时，宜选择较低的进给速度，一般为 20 ~ 50mm/min；

④当加工精度、表面粗糙度要求较高时，选择较低的进给速度，一般为20～50mm/min；

⑤当刀具空行程时，可以设定尽量高的进给速度；

⑥进给速度应与进刀量和主轴转速相适应。

2）进给量f的确定

①经验法：粗车时一般为0.3～0.8mm/r，精车时常取0.1～0.3mm/r，切断时常取0.03～0.06mm/r。

②查表法：表4－4、表4－5分别为硬质合金车刀粗车外圆及端面时的进给量参考值、按表面粗糙度选择进给量的参考值，供参考选用。

表4－4　　　　　　　　硬质合金车刀粗车外圆及端面时的进给量

加工工件材料	车刀刀杆尺寸 $B \times H$/mm	工件直径/mm	背吃刀量 α_p/mm				
			<3	>3～5	>5～8	>8～12	12 以上
			进给量 f/（mm/r）				
碳素结构钢与合金结构钢	16×25	20	0.3～0.4	—	—	—	—
		40	0.4～0.5	0.3～0.4	—	—	—
		60	0.5～0.7	0.4～0.6	0.3～0.5	—	—
		100	0.6～0.9	0.5～0.7	0.5～0.6	0.4～0.5	—
		400	0.8～1.2	0.7～1.0	0.6～0.8	0.5～0.6	—
	20×30 25×25	20	0.3～0.4	—	—	—	—
		40	0.4～0.5	0.2～0.4	—	—	—
		60	0.6～0.7	0.5～0.7	0.4～0.6	—	—
		100	0.8～1.0	0.7～0.9	0.5～0.7	0.4～0.7	—
		400	1.2～1.4	1.0～1.2	0.8～1.0	0.6～0.9	0.4～0.6
铸铁及钢合金	16×25	40	1.2～1.4	1.0～1.2	0.8～1.0	0.5～0.6	0.5～0.6
		60	0.6～0.8	0.5～0.8	0.4～0.6	—	—
		100	0.8～1.2	0.7～1.0	0.6～0.8	0.5～0.7	—
		400	1.0～1.4	1.0～1.2	0.8～1.0	0.6～0.8	—
	20×30 25×25	40	0.4～0.5		0.4～0.7		
		60	0.6～0.9	0.8～1.2	0.7～1.0	0.5～0.8	—
		100	0.9～1.3	1.2～1.6	1.0～1.3	0.9～1.1	0.7～0.9
		600	0.8～1.2				

表4-5   按表面粗糙度选择进给量

工程材料	切削速度 $v_c/$ ($m \cdot min^{-1}$)	表面粗糙度 $Ra/\mu m$	刀尖圆弧半径 r/mm		
			0.5	1.0	2.0
			进给量 $f/$ ($mm \cdot r^{-1}$)		
铸铁、铝合金、青铜	不限	10 ~ 5	0.25 ~ 0.40	0.40 ~ 0.50	0.50 ~ 0.60
		5 ~ 2.5	0.15 ~ 0.20	0.25 ~ 0.40	0.40 ~ 0.60
		2.5 ~ 1.25	0.1 ~ 0.15	0.15 ~ 0.20	0.20 ~ 0.35
合金钢及碳钢	<50	10 ~ 5	0.30 ~ 0.50	0.45 ~ 0.60	0.55 ~ 0.70
	>50		0.40 ~ 0.55	0.55 ~ 0.65	0.65 ~ 0.70
	<50	5 ~ 2.5	0.18 ~ 0.25	0.25 ~ 0.30	0.30 ~ 0.40
	>50			0.30 ~ 0.35	0.35 ~ 0.50
	<50	2.5 ~ 1.25	0.10	0.11 ~ 0.15	0.15 ~ 0.22
	50 ~ 100	2.5 ~ 1.25	0.11 ~ 0.16	0.16 ~ 0.25	0.25 ~ 0.35
	>100		0.16 ~ 0.20	0.20 ~ 0.25	0.25 ~ 0.35

3）进给速度的计算 选取每转进给量 f 后，然后计算进给速度为

$$v_f = nf$$

式中 v_f ——进给速度（mm/min）

    f ——进给量（mm/r）

    n ——主轴转速（r/min）

4）合成进给速度的计算 合成进给速度是指刀具作合成（斜线及圆弧插补等）运动时的进给速度，如加工斜线及圆弧等轮廓零件时，这时的刀具进给速度由纵、横两个坐标轴同时运动的速度决定，即

$$v_{fh} = \sqrt{v_{fx}^2 + v_{fz}^2}$$

（2）车螺纹时的进给量 f

螺纹加工程序段中指令的编程进给速度 v_f 是以进给量 f（车单线螺纹时为螺距，车双线螺纹时为导程）表示的。

4.4.4.4 主轴转速的确定

1）光车时主轴转速 在光车时，确定主轴转速时先选择切削速度，切削速度的确定原则如下：

①按零件的材料选择允许的切削速度；

②按粗、精加工选择切削速度；

③按刀具的材料选择允许的切削速度。当用高速钢刀具车削时，选择较低的切削速度；用硬质合金刀具车削时，选择较高的切削速度。

表4-6为硬质合金外圆车刀切削速度参考值。

表 4-6 硬质合金外圆车刀切削速度参考值

工程材料	热处理状态	背吃刀量 a_p/mm		
		(0.3, 2\]	(2, 6\]	(6, 10\]
		进给量 f/（mm·r^{-1}）		
		(0.08, 0.3\]	(0.3, 0.6\]	(0.6, 1)
		切削速度 v_c/（m·min^{-1}）		
低碳钢（易切钢）	热扎	140~180	100~120	70~90
中碳钢	热扎	130~160	90~110	60~80
	调质	100~130	70~90	50~70
合金结构钢	热轧	100~130	70~90	50~70
	调质	80~110	50~70	40~60
工具钢	退火	90~120	60~80	50~70
灰铸铁	<190HBW	90~120	60~80	50~70
	190~225HBW	80~110	50~70	80~160
高锰钢		10~20		
铜及铜合金		200~250	120~180	90~120
铝及铝合金		300~600	200~400	150~200
铸铝合金（Wn=13%）		100~180	80~150	60~100

确定切削速度后，根据零件上被加工部件的直径计算主轴转速。

主轴转速的计算公式为

$$n = \frac{1000v_c}{\pi d}$$

式中　v_c——切削速度（m/min）

　　　d——工件切削部分最大直径（mm）

　　　n——主轴转速（r/min）

2）车螺纹时的主轴转速　数控车床加工螺纹时，原则上其转速只要能保证主轴每转一周时，刀具沿主进给轴（多为 Z 轴）方向位移一个螺距即可，不应受到限制。但数控车螺纹时，会受到以下几方面的影响。

①螺纹加工程序段中指令进给速度 v_F，相当于进给量 f（mm/r）表示的进给速度，如果将机床的主轴转速选择过高，其换算后的进给速度（mm/min）必定大大超过正常值。

②刀具在其位移过程的始/终都将受到伺服驱动系统升降频率和数控装置插补运算速度的约束，由于升降频特性满足不了加工需要等原因，则可能因主进给运动产生的超前和滞后而导致部分螺牙的螺距不符合要求。

③车削螺纹必须通过主轴的同步运行功能而实现，即车削螺纹需要有主轴脉冲发生器（编码器）。当其主轴转速选择过高时，通过编码器发出的定位脉冲（主轴每转一周时所发出的一个基准脉冲信号），将可能因"过冲"（特别是当编码器的质量不稳定时）而导致工件螺纹产生乱纹（俗称"烂牙"）。

因此在切削螺纹时，车床的主轴转速将受到螺纹的螺距（或导致）大小、驱动电动机的矩频特性及螺纹插补运算速度等多种因素的影响，故对于不同的数控系统，推荐使用不同的主轴转速选择范围。如大多数经济型车床数控系统推荐车螺纹时的主轴转速为

$$n < \frac{1200}{p} - k$$

式中　p——被加工螺纹螺距（mm）

　　　k——保险系数，一般为 80

4.5　典型零件的数控车削加工工艺分析

4.5.1　轴类零件数控车削加工工艺分析

以图 4 - 22 所示轴类零件为例，所用机床为 TND360 数控车床，其数控车削加工工艺分析如下。

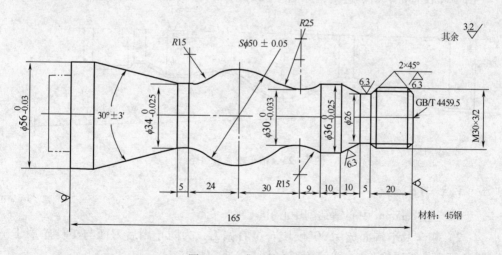

图 4 - 22　典型轴类零件

（1）零件图工艺分析

该零件表面由圆柱、圆锥、顺圆弧、逆圆弧及螺纹等表面组成。其中多个直径尺寸有较严的尺寸精度和表面粗糙度等要求；球面 Sϕ50mm 的尺寸公差还兼有控制该球面形状（线轮廓）误差的作用。尺寸标注完整，轮廓描述清楚。零件

材料为 45 钢，无热处理和硬度要求。

通过上述分析，可采用以下几点工艺措施。

①对图样上给定的几个精度要求较高的尺寸，因其公差数值较小，故编程时不必取平均值，而全部取其基本尺寸即可。

②在轮廓曲线上，有三处为圆弧，其中两处为既过象限又改变进给方向的轮廓曲线，因此在加工时应进行机械间隙补偿，以保证轮廓曲线的准确性。

③便于装夹，棒料坯件左端预先车出的夹持部分应该留个工艺台阶，使 $\phi56$ 的表面能完整地被加工出来。毛坯选 $\phi60\mathrm{mm}$ 棒料。

（2）确定零件的定位基准和装夹方式

①定位基准：确定坯料轴线和左端大端面（设计基准）为定位基准。

②装夹方法：左端采用三爪自定心卡盘定心夹紧，右端采用活动顶尖支承的装夹方式。

（3）确定加工顺序及进给路线

加工顺序按由粗到精、由近到远（由右到左）的原则确定。即先从右到左进行粗车（留 0.25mm 精车余量），然后从右到左进行精车，最后车削螺纹。

TND360 数控车床具有粗车循环和车螺纹循环功能，只要正确使用编程指令，机床数控系统就会自动确定其进给路线，因此，该零件的粗车循环和车螺纹循环不需要人为确定其进给路线（但精车的进给路线需要人为确定）。该零件从右到左沿零件表面轮廓精车进给，如图 4－23 所示。

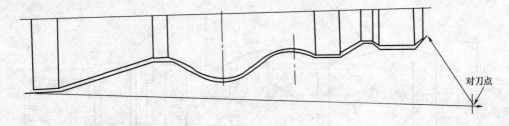

图 4－23　精车轮廓进给路线

（4）刀具选择

1）选用 $\phi5\mathrm{mm}$ 中心钻钻削中心孔。

2）粗车及平端面选用 90°硬质合金右偏刀，为防止副后刀面与工件轮廓干涉（可用作图法检验），副偏角不宜太小，选 $\kappa_r' = 35°$。

3）为减少刀具数量和换刀次数，精车选用 90°硬质合金右偏刀，车螺纹选用硬质合金 60°外螺纹车刀，刀尖圆弧半径应小于轮廓最小圆角半径，取 $r_\varepsilon = 0.15 \sim 0.2\mathrm{mm}$。

将所选定的刀具参数填入数控加工刀具卡片中（见表 4－7），以便于编程和操作管理。

表 4 - 7　　　　　　　　　　　　　数控加工刀具卡片

产品名称或代号		×××		零件名称	典型轴	零件图号	×××
序号	刀具号	刀具规格名称		数量	加工表面		备注
1	T01	$\phi 5$ 中心钻		1	钻 $\phi 5$mm 中心孔		
2	T02	硬质合金 90°外圆车刀		1	车端面及粗车轮廓		右偏刀
3	T03	硬质合金 90°外圆车刀		1	精车轮廓		右偏刀
4	T04	硬质合金 60°外螺纹车刀		1	车螺纹		
编制		×××	审核	×××	批准	×××	共　页　第　页

（5）切削用量选择

①背吃刀量的选择：轮廓粗车循环时选 $a_p = 3$mm，精车 $a_p = 0.25$mm；螺纹粗车时选 $a_p = 0.4$mm，精车 $a_p = 0.1$mm。

②轴转速的选择：车直线和圆弧时，查表 4 - 6 选粗车切削速度 $= 90$m/min、精车切削速度 $= 120$m/min，然后利用公式 $v = \pi dn/1000$ 计算主轴转速 n（粗车直径 $D = 60$mm，精车工件直径取平均值）：粗车 500r/min、精车 1200r/min。车螺纹时，参照公式，计算主轴转速 $n = 320$r/min。

③进给速度的选择：查表 4 - 4、表 4 - 5 选择粗车、精车每转进给量，再根据加工的实际情况确定粗车每转进给量为 0.4mm/r，精车每转进给量为 0.15mm/r，最后计算粗车、精车进给速度分别为 200mm/min 和 180mm/min。

（6）填写数控加工工艺文件

综合前面分析的各项内容，并将其填入表 4 - 8 所示的数控加工工艺卡片。此表是编制加工程序的主要依据和操作人员配合数控程序进行数控加工的指导性文件，主要内容包括：工步顺序、工步内容、各工步所用的刀具及切削用量等。

表 4 - 8　　　　　　　　　典型轴类零件数控加工工艺卡片

单位名称		×××		产品名称或代号		零件名称		零件图号
				×××		典型轴		×××
工序号		程序编号		夹具名称		使用设备		车间
001		×××		三爪卡盘和活动顶尖		CKA6140 数控车床		数控中心
工步号	工步内容		刀具号	刀具规格 /mm	主轴转速 /r · min^{-1}	进给速度 /mm · min^{-1}	背吃刀量 /mm	备注
1	平端面		T02	25×25	500			手动
2	钻中心孔		T01	5	950			手动
3	粗车轮廓		T02	25×25	500	200	3	自动
4	精车轮廓		T03	25×25	1200	180	0.25	自动
5	粗车螺纹		T04	25×25	320	960	0.4	自动
6	精车螺纹		T04	25×25	320	960	0.1	自动
编制	×××	审核	×××	批准	×××	年　月　日	共　页	第　页

4.5.2 轴套类零件数控车削加工工艺分析

下面以图 4−24 所示轴承套零件为例，所用机床为 CJK6240 数控车床，分析其数控车削加工工艺（单件小批量生产）。

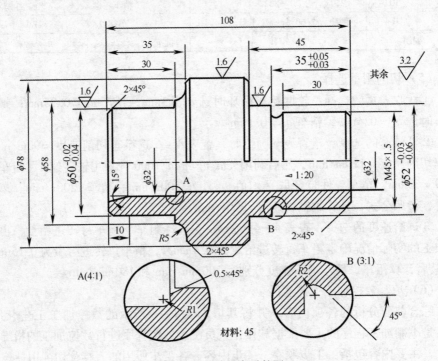

图 4−24 轴承套零件图

(1) 零件图工艺分析

该零件表面由内外圆柱面、内圆锥面、顺圆弧、逆圆弧及外螺纹等表面组成，其中多个直径尺寸与轴向尺寸有较高的尺寸精度和表面粗糙度要求。零件图尺寸标注完整，符合数控加工尺寸标注要求；轮廓描述清楚完整；零件材料为45 钢，加工切削性能较好，无热处理和硬度要求。

通过上述分析，采用以下几点工艺措施：

1）对图样上带公差的尺寸，因公差值较小，故编程时不必取平均值，而取基本尺寸即可。

2）左右端面均为多个尺寸的设计基准，相应工序加工前，应该先将左右端面车出来。

3）内孔尺寸较小，镗 1：20 锥孔与镗 32 孔及 15°锥面时需掉头装夹。

(2) 确定零件的定位基准和装夹方式

1）内孔加工

定位基准：内孔加工时以外圆定位；

装夹方式：用三爪自动定心卡盘夹紧。

2）外轮廓加工

定位基准：确定零件轴线为定位基准；

装夹方式：加工外轮廓时，为保证一次安装加工出全部外轮廓，需要设一圆锥心轴装置（如图 4 - 25 所示的双点划线部分），用三爪卡盘夹持心轴左端，心轴右端留有中心孔并用尾座顶尖顶紧，以提高工艺系统的刚性。

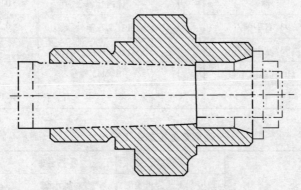

图 4 - 25　外轮廓车削装夹方案

（3）确定加工顺序及走刀路线

加工顺序的确定按由内到外、由粗到精、由近到远的原则确定，在一次装夹中尽可能加工出较多的工件表面。结合本零件的结构特征，可先加工内孔各表面，然后加工外轮廓表面。由于该零件为单件小批量生产，走刀路线设计不必考虑最短进给路线或最短空行程路线，外轮廓表面车削走刀路线可沿零件轮廓顺序进行，如图 4 - 26 所示。

（4）刀具选择

将所选定的刀具参数填入表 4 - 9 轴

图 4 - 26　外轮廓加工走刀路线

承套数控加工刀具卡片中，以便于编程和操作管理。注意：车削外轮廓时，为防止副后刀面与工件表面发生干涉，应选择较大的副偏角，必要时可作图检验。本例中选 $\kappa'_r = 55°$。

（5）切削用量选择

根据被加工表面质量要求、刀具材料和工件材料，参考切削用量手册或有关资料选取切削速度与每转进给量，然后利用公式计算主轴转速与进给速度（计算过程略），计算结果填入表 4 - 10 工序卡中。

表 4 – 9   **轴承套数控加工刀具卡片**

产品名称或代号	轴承套数控车工艺分析		零件名称	轴承套	零件图号	Lathe – 01
序号	刀具号	刀具规格名称	数量	加工表面	刀尖半径 mm	备注
1	T01	45°硬质合金端面车刀	1	车端面	0.5	25 × 25
2	T02	φ5 中心钻	1	钻 φ5mm 中心孔		
3	T03	φ26mm 钻头	1	钻底孔		
4	T04	镗刀	1	镗内孔各表面	0.4	20 × 20
5	T05	93°右手偏刀	1	自右至左车外表面	0.2	25 × 25
6	T06	93°左手偏刀	1	自左至右车外表面		
7	T07	60°外螺纹车刀	1	车 M45 螺纹		
编制	× × ×	审核	× × ×	批准	× × ×	× ×年 ×月 ×日	共 1 页	第 1 页

表 4 – 10   **轴承套数控加工工艺卡片**

单位名称		产品名称或代号		零件名称	零件图号
		数控车工艺分析实例		轴承套	Lethe – 01
工序号		程序编号	夹具名称	使用设备	车间
001		Letheprg – 01	三爪卡盘和自制心轴	CJK6240	数控中心

工步号	工步内容	刀具号	刀具规格/mm	主轴转速/r·min⁻¹	进给速度/mm·min⁻¹	背吃刀量/mm	备注
1	平端面	T01	25 × 25	320		1	手动
2	钻 φ5 中心孔	T02	φ5	950		2.5	手动
3	钻底孔	T03	φ26	200		13	手动
4	粗镗 φ32 内孔、15°斜面及 C0.5 倒角	T04	20 × 20	320	40	0.8	自动
5	精镗 φ32 内孔、15°斜面及 C0.5 倒角	T04	20 × 20	400	25	0.2	自动
6	掉头装夹粗镗 1 : 20 锥孔	T04	20 × 20	320	40	0.8	自动
7	精镗 1 : 20 锥孔	T04	20 × 20	400	20	0.2	自动
8	心轴装夹自右至左粗车外轮廓	T05	25 × 25	320	40	1	自动
9	自左至右粗车外轮廓	T06	25 × 25	320	40	1	自动
10	自右至左精车外轮廓	T05	25 × 25	400	20	0.1	自动
11	自左至右精车外轮廓	T06	25 × 25	400	20	0.1	自动
12	卸心轴改为三爪装夹粗车 M45 螺纹	T07	25 × 25	320	480	0.4	自动
13	精车 M45 螺纹	T07	25 × 25	320	480	0.1	自动
编制	× × ×	审核	× × ×	批准	× × ×	× ×年 ×月 ×日	共 1 页	第 1 页

背吃刀量的选择因粗、精加工而有所不同。粗加工时，在工艺系统刚性和机床功率允许的情况下，尽可能取较大的背吃刀量，以减少进给次数；精加工时，为保证零件表面粗糙度要求，背吃刀量一般取 0.1 ~ 0.4mm 较为合适。

（6）数控加工工艺卡片的拟订

综合前面分析的各项内容，并将其填入表 4 - 10 所示的数控加工工艺卡片中。

习题四

4 - 1　数控车削的主要加工对象有哪些？

4 - 2　制订数控车削加工工艺路线时应遵循哪些基本原则？

4 - 3　在数控车床上加工零件，分析零件图样主要考虑哪些方面？

4 - 4　如何确定数控车削的加工顺序？

4 - 5　数控车削时夹具定位要注意哪些方面？

4 - 6　在数控车床加工时，选择粗车、精车切削用量的原则是什么？

4 - 7　在加工轴类和盘类零件时，循环去除余量的方法有何不同？

4 - 8　如图 4 - 27 为典型轴类零件，该零件材料为 45 钢，毛坯尺寸为 $\phi22$mm × 95mm，无热处理和硬度要求，试对该零件进行数控车削工艺分析。

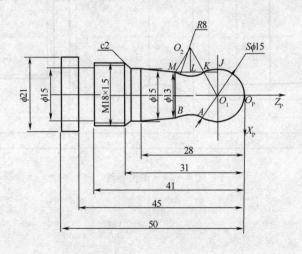

图 4 - 27　轴类零件

4 - 9　如图 4 - 28 所示锥孔螺母套零件图，其中毛坯为 72mm 棒料，材料为 45 钢，试按照中批生产编制数控加工工艺文件。

4 - 10　制定图 4 - 29 所示轴类零件的数控车削加工工艺，工件毛坯为棒料。

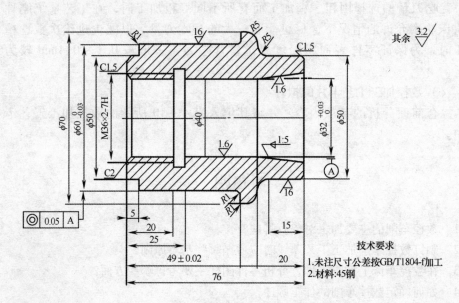

图 4 – 28　锥孔螺母套零件

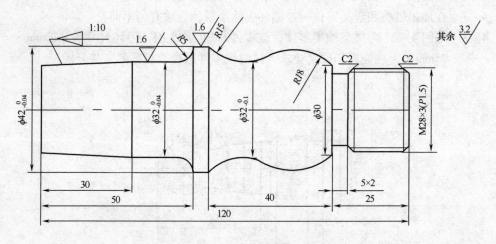

图 4 – 29　轴类零件

第 5 章　数控铣削加工工艺

数控铣削是机械加工中最常用和最主要的数控加工方法之一。数控铣床与普通铣床相比，具有加工精度高、加工零件的形状复杂、加工范围广等特点。它除了能铣削普通铣床所能铣削的各种零件表面外，还能铣削普通铣床不能铣削的、需要 2~5 坐标联动的各种平面轮廓和立体轮廓。数控铣床加工内容与加工中心加工内容有许多相似之处，但从实际应用效果来看，数控铣削加工更多地用于复杂曲面的加工，而加工中心更多地用于有多工序内容零件的加工。

本章将着重介绍数控铣床的加工工艺。

5.1　数控铣床加工工艺概述

5.1.1　数控铣床的类型

数控铣床是一种加工功能很强的数控机床，主要采用铣削方式加工工件，能够进行外形轮廓铣削、平面或曲面型铣削及三维复杂型面的铣削，在数控加工中占据了重要地位。世界上首台数控机床就是一部三坐标铣床，这主要由于铣床具有 X、Y、Z 三轴向可移动的特性，更加灵活，且可完成较多的加工工序。现在数控铣床已全面向多轴化发展。目前迅速发展的加工中心和柔性制造单元也是在数控铣床和数控镗床的基础上产生的。

5.1.2　数控铣床的分类

（1）按体积大小分

小型（工作台宽度多在 400mm 以下）、中型、大型。

（2）按控制坐标的联动轴数

1）两轴联动：同时控制两个坐标轴实现二维直线、圆弧、曲线的轨迹控制，如图 5-1（a）所示。

2）两轴半联动：除了控制两个坐标轴联动外，还同时控制第三坐标轴作周期性进给运动，可以实现简单曲面的轨迹控制，如图 5-1（b）所示。

3）三轴联动：同时控制 X、Y、Z 三个直线坐标轴联动，实现曲面的轨迹控制，如图 5-1（c）所示。

4）多轴联动：四轴或五轴联动除了控制 X、Y、Z 三个直线坐标轴外，还能同时控制一个或两个回转坐标轴，如工作台的旋转、刀具的摆动等，从而实现复杂曲面的轨迹控制，如图5-1（d）（e）所示。

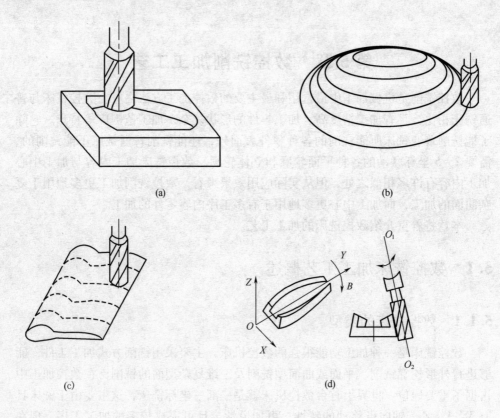

(a)

(b)

(c)

(d)

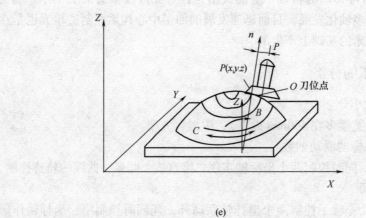

(e)

图5-1 坐标加工示意图

（a）两轴联动加工 （b）两轴半联动加工 （c）三轴联动 （d）四轴联动 （e）四轴联动

（3）按主轴布局形式分

立式、卧式、立卧两用式。

1）立式数控铣床：主轴轴线垂直于水平面，是数控铣床中常见的一种布局形式，应用范围广泛。如图 5-2 所示，它按坐标的控制方式又有以下几种：

①工作台纵、横向移动并升降，主轴不动方式；

②工作台纵、横向移动，主轴升降方式；

③龙门式，即主轴可在龙门架的横向与垂直导轨上移动，而工作台则沿床身导轨做纵向移动，如图 5-3 所示。

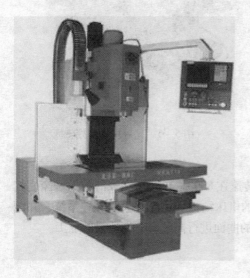

图 5-2　立式数控铣床图

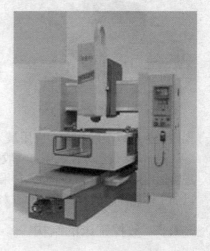

图 5-3　龙门式数控铣床

2）卧式数控铣床：主轴轴线平行于水平面，主要用来加工箱体类零件，如图 5-4 所示。为了扩大功能和加工范围，通常采用增加数控转盘来实现 4 轴或 5 轴加工。这样，工件在一次加工中可以通过转盘改变工位，进行多方位加工。

3）立卧两用式数控铣床：主轴轴线方向可以变换，使一台铣床同时具备立式数控铣床和卧式数控铣床的功能，如图 5-5 所示。这类铣床适应性更强，适用范围广，生产成本低，所以数量逐渐增多。立卧两用式数控铣床靠手动和自动两种方式更换主轴方向。有些立卧两用式数控铣床采用主轴头可以任意方向转换的万能数控主轴头，使其可以加工出与水平面成不同角度的工件表面。还可以在这类铣床的工作台上增设数控转盘，以实现对零件的"五面加工"。

（4）按数控系统的功能分

经济型、全功能型、高速型。

1）经济型数控铣床：它是在普通立式铣床或卧式铣床的基础上改造来的，其成本低，功能少，主轴转速和进给速度低，用于精度要求不高的简单平面或曲面零件加工。

2）全功能数控铣床：一般采用半闭环或闭环控制，其加工适应性强，可实

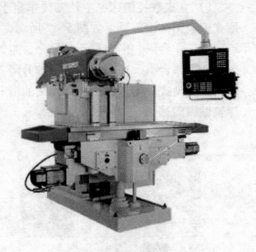

图 5 - 4　卧式数控铣床　　　　　图 5 - 5　立卧两用数控铣床

现四坐标或以上的联动，应用最为广泛。

3）高速铣削数控铣床：一般指主轴转速在 8000~40000r/min 的数控铣床，其进给速度可达 10~30m/min。它采用全新的机床结构和功能强大的数控系统，并配以加工性能优越的刀具系统，可对大面积的曲面进行高效率、高质量的加工。

5.1.3　数控铣床的结构

数控铣床一般由以下几部分组成（图 5 - 6）：

1）主轴箱：包括主轴箱体和主轴传动系统。

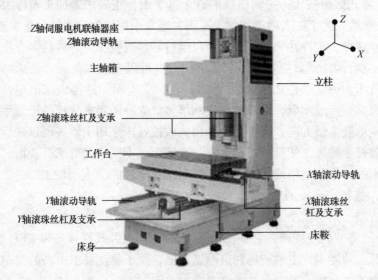

图 5 - 6　数控铣床结构

2）进给伺服系统：由进给电动机和进给执行机构组成。

3）控制系统：是数控铣床运动控制的中心，执行数控加工程序控制机床进行加工。

4）辅助装置：如液压、气动、润滑、冷却系统和排屑、防护等装置。

5）机床基础件：指底座、立柱、横梁等，是整个机床的基础和框架。

6）工作台。

5.1.4　数控铣床的主要加工对象

铣削是机械加工中最常用的加工方法之一，主要包括平面铣削和轮廓铣削，也可以对零件进行钻、扩、铰和镗孔加工与攻丝等。适于采用数控铣削的零件有以下几类。

5.1.4.1　平面类零件

平面类零件的特点是各个加工表面是平面，或可以展开为平面。目前在数控铣床上加工的绝大多数零件属于平面类零件。平面类零件是数控铣削加工对象中最简单的一类，一般只需用三轴数控铣床的两轴联动（即两轴半坐标加工）就可以加工，如图 5 - 7 所示。

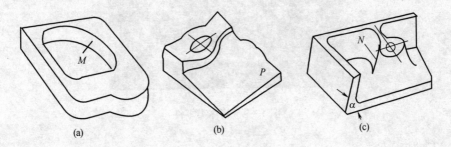

图 5 - 7　平面类零件

（a）带平面轮廓的平面类零件　（b）带斜平面的平面类零件　（c）带正台和斜筋的平面类零件

5.1.4.2　变斜角类零件

1）定义　加工面与水平面的夹角成连续变化的零件。如图 5 - 8 所示。

2）加工方法　加工变斜角类零件最好采用四轴或五轴数控铣床进行摆角加工，若没有上述机床，

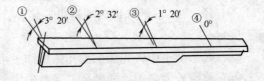

图 5 - 8　飞机上变斜角梁缘条

也可在三轴数控铣床上采用两轴半控制的行切法进行近似加工，但精度稍差。

5.1.4.3　曲面类（立体类）零件

1）定义　加工面为空间曲面的零件。

2）加工方法　曲面类零件的加工面与铣刀始终为点接触，一般采用三轴联动数控铣床加工，常用的加工方法主要有下列两种：

①采用两轴半联动行切法加工。行切法是在加工时只有两个坐标联动，另一个坐标按一定行距周期性进给。这种方法常用于不太复杂的空间曲面的加工。

②采用三轴联动方法加工。所用的铣床必须具有 X、Y、Z 三轴联动加工功能，可进行空间直线插补。这种方法常用于发动机及模具等较复杂空间曲面的加工。

5.1.4.4　箱体类零件

1）定义　指具有一个以上孔系，内部有一定型腔或空腔，在长、高、宽方向有一定比例的零件，如图 5 -9 所示。

图 5 -9　箱体类零件

2）加工方法

①当既有面又有孔时，应先铣面，后加工孔；

②所有孔系都先完成全部孔的粗加工，再进行精加工；

③一般情况下，直径 >30mm 的孔都应铸造出毛坯孔；

④直径 <30mm 的孔可以不铸出毛坯孔，孔和孔的端面全部加工都在数控铣床上完成；

⑤在孔系加工中，先加工大孔，再加工小孔；

⑥对跨距较大的箱体同轴孔，尽量采用调头加工的方法；

⑦螺纹加工，对 M6 以上、M20 以下的螺纹可在数控铣床上完成。

5.1.5　数控铣床加工工艺的基本特点

数控铣床加工程序不仅包括零件的工艺过程，而且还包括切削用量、走刀路线、刀具尺寸以及铣床的运动过程。数控铣床受控于程序指令，加工的全过程都是按程序指令自动进行的。因此，要求编程人员对数控铣床的性能、特点、运动方式、刀具系统、切削规范以及工件的装夹方法都要非常熟悉。

5.1.6　数控铣床加工工艺的主要内容

1）选择适合在数控铣床上加工的零件，确定工序内容。
2）分析被加工零件的图样，明确加工内容及技术要求。
3）确定零件的加工方案，制定数控铣削加工工艺路线。
4）加工工序的设计。
5）数控铣削加工程序的调整。

5.2　数控铣床加工工序设计

5.2.1　数控铣床加工工序设计

5.2.1.1　夹具的选择

（1）夹具选用的一般方法

数控铣床的工件装夹一般都是以平面工作台为安装的基础，定位夹具或工件，并通过夹具最终定位夹紧工件，使工件在整个加工过程中始终与工作台保持正确的相对位置。根据数控铣床的特点和加工需要，目前常用的夹具类型有通用夹具、可调夹具、组合夹具、成组夹具和专用夹具。一般的选择顺序是单件生产中尽量选用机床用平口虎钳、压板螺钉等通用夹具，批量生产时优先考虑组合夹具，其次考虑可调夹具，最后考虑选用成组夹具和专用夹具。选择时，要综合考虑各种因素，选择经济、合理的夹具形式。

（2）数控铣床和加工中心的夹具应用举例

机床夹具是在机床上用以装夹工件的一种装置，其作用是使工件相对于机床或刀具有一个正确的位置，并在加工过程中保持这个位置不变。图 5-10 所示为连杆铣槽夹具在立式数控铣床或加工中心上的应用。图中右下角所示为在该夹具上加工的连杆零件工序图。工序要求工件以一面两孔定位，分四次安装铣削大头孔端面处的 8 个槽。工件以端面安放在夹具底板 4 的定位面 N 上，大、小头孔分别套在圆柱销 5 和菱形销 1 上，并用两个压板 10 夹紧。铣刀相对于夹具的位置用对刀块 2 调整、夹具通过两个定位键 3 在铣床工作台上定位并通过夹具底板 4 上的两个耳座用 T 形槽螺栓和螺母固紧在工作台上。为防止夹紧工件时压板转动，在压板　侧设置了止动销 11。

由图 5-10 可以看出数控铣床、加工中心的夹具的基本组成部分，根据其功用一般可分为如下几部分：

1）定位元件或装置。它用以确定工件在夹具中的位置，如图 5-10 中夹具

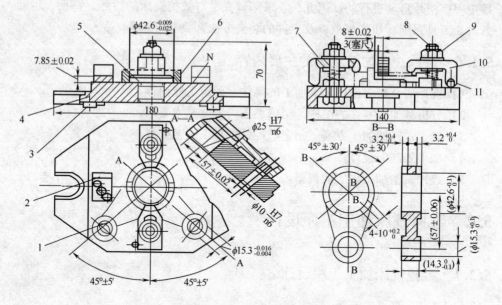

图 5 – 10　连杆铣槽夹具

1—菱形销　2—对刀块　3—定位键　4—夹具底板　5—圆柱销　6—工件
7—弹簧　8—螺栓　9—螺母　10—压板　11—止动销

底板 4、圆柱销 5 和菱形销 1。

2）刀具导向元件或装置。它用以引导刀具或用以调整刀具相对于夹具的位置，如图 5 – 10 中的对刀块 2。

3）夹紧元件或装置。它用以夹紧工件，如图 5 – 10 中的压板 10，螺母 9，螺栓 8 等。

4）连接元件。它用以确定夹具在机床上的位置并与机床相连接，如图 5 – 10中的定位键 3、夹具底板 4 等。

5）夹具体。它用以连接夹具各元件及装置，使之成为一个整体，并通过它将夹具安装在机床上，如图 5 – 10 中的夹具底板 4。

6）其他元件或装置。除上述各部分以外的元件或装置，如某些夹具上的分度装置、防错装置和安全保护装置等。图 5 – 10 中的止动销 11 也属此类元件。

5.2.1.2　刀具的选择

（1）数控铣床刀具的分类

数控铣床刀具的分类有多种方法，根据刀具结构可分为：①整体式；②镶嵌式，采用焊接或机夹式连接，机夹式又可分为可转位和不可转位两种；③特殊型式，如复合式刀具，减振式刀具等。根据制造刀具所用的材料可分为：①高速钢刀具；②硬质合金刀具，硬质合金根据国际标准 ISO 分类，把所有牌号分成用颜色标识的六大类，分别以字母 P、M、K、N、S、H 表示。P 类用于加工长切屑的钢件；M 类用于加工不锈钢件；K 类用于加工短切屑的铸铁件；N 类用于加工短切屑的非铁材料；S 类用于加工难加工材料；H 类用于加工硬材料。镀层硬质合金刀具又分为：化学气相沉积 CVD 和物理气相沉积 PVD 两种；③金刚石刀具；④陶瓷刀片材料如氮化硅陶瓷 Si_3N_4，立方氮化硼 CBN。从切削工艺上可分为：铣削类刀具（面铣刀、立铣刀、圆鼻刀、球头铣刀、锥度铣刀）和孔加工类刀具（麻花钻、铰刀、镗刀、丝锥等）。为了满足数控机床对刀具耐用、易调、稳定、可换等要求，机夹式可转位刀具得到广泛的应用，占整个数控刀具的 40% ~50%，金属切除量占总数的 80% ~90%。

（2）数控加工刀具的选择

刀具选择的总原则：安装调整方便、可靠性好、刚性好、耐用度和精度高。在满足加工要求的前提下，尽量选择刀柄较短的刀具，以增强加工的刚性。

1）根据工件的表面尺寸选择刀具　选取刀具时，要使刀具的尺寸与被加工件的表面尺寸相适应用。生产中，加工平面零件周边的轮廓，常采用立铣刀；铣削平面，应选硬质合金刀片铣刀。加工凸台、凹槽时，选高速钢立铣刀；加工毛坯表面或孔粗加工时，可选用镶硬质合金刀片的玉米铣刀；对一些立体型面和变斜面轮廓外形的加工，选用盘形铣刀、圆鼻刀、平刀做粗加工，选用球头铣刀、环形铣刀、锥形铣刀做精加工。

2）根据工件的表面形状选择刀具　在进行自由曲面加工时，由于球头刀具的端部切削速度为零，因此，为保证加工精度，切削行距一般采用顶端密距，故球头铣刀常用于曲面的精加工。而平头刀具在表面加工质量和切削效率方面都优于球头刀，因此，只要在保证不过切的前提下，无论是曲面的粗加工还是精加工，都应优先选择平头刀。另外，刀具的耐用度和精度与刀具价格关系极大，必须引起注意的是，在大多数情况下，选择好的刀具虽然增加了刀具成本，但由此带来的加工质量和加工效率的提高，则可以使整个加工成本大大降低。

3）合理安排刀具的排列顺序　在经济型数控机床的加工过程中，由于刀具的磨损、测量和更换多为人工手动进行，占用辅助时间较长，因此，必须合理安排刀具的排列顺序。一般应遵循以下原则：①工序集中一次装夹，同一把刀具能完成其进行的所有加工步骤；②粗精加工的刀具应分开使用；③先面后孔；④先进行曲面精加工，后进行二维轮廓精加工；⑤在可能的情况下，应尽可能利用数控机床的自动换刀功能（选用加工中心），以提高生产效率；⑥尽量减少刀具数量。

5.2.1.3　切削用量的选择

（1）影响切削用量的因素

影响切削用量的因素主要是机床和刀具，表 5 - 1 是常用刀具材料的性能比较。

表5-1 常用刀具材料的性能比较

刀具材料	切削速度	耐磨性	硬度	硬度随温度变化
高速钢	最低	最差	最低	最大
硬质合金	低	差	低	大
陶瓷刀片	中	中	中	中
金刚石	高	好	高	小

可切削性能良好的标志是：在高速切削下有效地形成切屑，同时具有较小的刀具磨损和较好的表面加工质量。较高的切削速度、较小的背吃刀量和进给量可得到较好的表面加工质量。

（2）切削用量的内容

包括切削速度、进给速度、背吃刀量和侧吃刀量。

1）背吃刀量 a_p 与侧吃刀量 a_e

背吃刀量 a_p——平行于铣刀轴线测量的切削层尺寸，单位为 mm。

侧吃刀量 a_e——垂直于铣刀轴线测量的切削层尺寸，单位为 mm。

背吃刀量 a_p 与侧吃刀量 a_e 的选取主要由加工余量和对表面质量的要求决定：

①当工件表面粗糙度要求为 Ra 12.5～25μm 时，若圆周铣削加工余量小于5mm，端面铣削加工余量小于6mm，粗铣一次进给就可达要求。

②当工件表面粗糙度要求为 Ra 3.2～12.5μm 时，应分为粗铣和半精铣两步进行。粗铣时 a_p 和 a_e 选取同前，粗铣后留 0.5～1.0mm 余量，在半精铣时切除。

③当工件表面粗糙度要求为 Ra 0.8～3.2μm 时，应分为粗铣、半精铣和精铣三步进行。半精铣时 a_p 和 a_e 取 1.5～2.0mm，精铣时圆周铣 a_e 取 0.3～0.5mm，面铣刀 a_p 取 0.5～1mm。

2）进给量 f 和进给速度 v_f

①进给量 f——指刀具转一周，工件与刀具沿进给运动方向的相对位移量，单位是 mm/r；

②进给速度 v_f——是单位时间内工件与铣刀沿进给方向的相对位移量，单位是 mm/min。

n、v_f 与 f 的关系是：$v_f = nf$

进给量与进给速度应根据零件的表面粗糙度、加工精度要求、刀具及工件材料等因素，参考切削用量手册选取或通过选取每齿进给量 f_z，再根据 $f = zf_z$ 计算。每齿进给量 f_z 的选取主要依据工件材料的力学性质、刀具材料、工件表面粗糙度等因素，具体的选取可参考表 5-2。

表 5 - 2　　　　　　　　　　　铣刀每齿进给量参考值

工件材料	每齿进给量 f_z/mm			
	粗铣		精铣	
	高速钢铣刀	硬质合金铣刀	高速钢铣刀	硬质合金铣刀
钢	0.10 ~ 0.15	0.10 ~ 0.25	0.02 ~ 0.05	0.10 ~ 0.15
铸铁	0.12 ~ 0.20	0.15 ~ 0.30		

3）切削速度 v_c

切削速度 v_c 与刀具的耐用度、每齿进给量、背吃刀量、侧吃刀量以及铣刀齿数成反比，而与铣刀直径成正比。为提高刀具耐用度允许使用较低的切削速度，但加大铣刀直径则可改善散热条件，提高切削速度。切削速度的选取可参考手册，也可参考表 5 - 3。

表 5 - 3　　　　　　　　　　铣削加工的切削速度参考值

工件材料	硬度（HBS）	铣削速度 v_c/（m · min^{-1}）	
		高速钢铣刀	硬质合金铣刀
钢	< 225	18 ~ 42	66 ~ 150
	225 ~ 325	12 ~ 36	54 ~ 120
	325 ~ 425	6 ~ 21	36 ~ 75
铸铁	< 190	21 ~ 36	66 ~ 150
	190 ~ 260	9 ~ 18	45 ~ 90
	260 ~ 320	4.5 ~ 10	21 ~ 30

从刀具耐用度出发，切削用量的选择方法是：先选取背吃刀量 a_p 或侧吃刀量 a_e，其次确定进给速度，最后确定切削速度。

5.2.2　数控铣床加工中的装刀与对刀

5.2.2.1　对刀点的选择

（1）对刀点的定义

对刀点是工件在机床上定位装夹后，设置在工件坐标系中，用于确定工件坐标系与机床坐标系空间位置关系的参考点。在程序编制时，不管实际上是刀具相对工件移动，还是工件相对刀具移动，都把工件看作静止，而刀具在运动。对刀点往往也是零件的加工原点。

（2）原则

①方便数学处理和简化程序编制；

②在机床上容易找正，便于确定零件的加工原点的位置；

③加工过程中便于检查;

④引起的加工误差小。

（3）位置

①可设在工件上,也设可在夹具上,但必须在编程坐标系中有确定的位置。

②尽可能选在零件的设计基准或工艺基准上。

③对于以孔定位的零件,可以取孔的中心作为对刀点。

5.2.2.2　对刀刀具

（1）寻边器

①作用:确定工件坐标系原点在机床坐标系中的 x、y、z 值,也可测工件的简单尺寸。

②类型:偏心式和光电式。

（2）Z 轴设定器

①作用:用于设定 CNC 数控机床工具长度的一种五金工具。设定高度为 50.00 ±0.01mm。

②类型:圆形 Z 轴设定器、方形 Z 轴设定器、外附表型 Z 轴设定器、光电式 Z 轴设定器、磁力 Z 轴设定器等。

5.2.2.3　对刀方法

对刀的准确性将直接影响加工精度,因此对刀操作一定要仔细,对刀方法一定要同零件的加工精度要求相适应。

零件加工精度要求较高时,可采用千分表找正对刀,使刀位点与对刀点一致。但这种方法效率较低。目前有些工厂采用光学或电子装置等新方法来减少工时和提高找正精度。常用的几种对刀方法有:

（1）工件坐标系原点（对刀点）为圆柱孔（或圆柱面）的中心线

1）采用杠杆百分表（或千分表）对刀　这种操作方法比较麻烦,效率较低,但对刀精度较高,对被测孔的精度要求也较高,最好是经过铰或镗加工的孔,仅粗加工后的孔不宜采用。

2）采用寻边器对刀　这种方法操作简便、直观,对刀精度高,但被测孔应有较高精度。

（2）工件坐标系原点（对刀点）为两相互垂直直线的交点

1）采用碰刀（或试切）方式对刀　这种操作方法比较简单,但会在工件表面留下痕迹,对刀精度不高。为避免损伤工件表面,可以在刀具和工件之间加入塞尺进行对刀,这时应将塞尺的厚度减去。以此类推,还可以采用标准心轴和块规来对刀。

2）采用寻边器对刀　其操作步骤与采用刀具对刀相似,只是将刀具换成了寻边器,移动距离是寻边器触头的半径。这种方法简便,对刀精度较高。

（3）刀具 Z 向对刀

刀具 Z 向对刀数据与刀具在刀柄上的装夹长度及工件坐标系的 Z 向零点位置有关，它确定工件坐标系的零点在机床坐标系中的位置。可以采用刀具直接碰刀对刀，也可利用 Z 向设定器进行精确对刀，其工作原理与寻边器相同。

对刀时也是将刀具的端刃与工件表面或 Z 向设定器的测头接触，利用机床的坐标显示来确定对刀值。当使用 Z 向设定器对刀时，要将 Z 向设定器的高度考虑进去。

另外，当在加工工件中用不同刀具时，每把刀具到 Z 坐标零点的距离都不相同，这些距离的差值就是刀具的长度补偿值，因此需要在机床上或专用对刀仪上测量每把刀具的长度（即刀具预调），并记录在刀具明细表中，供机床操作人员使用。

5.2.2.4　注意事项

1）根据加工要求采用正确的对刀工具，控制对刀误差。

2）在对刀过程中，可通过改变微调进给量来提高对刀精度。

3）对刀时需小心谨慎操作，尤其要注意移动方向，避免发生碰撞危险。

4）对刀数据一定要存入与程序对应的存储地址，防止因调用错误而产生严重后果。

5.2.2.5　换刀点

换刀点应根据工序内容来作安排，其位置应根据换刀时刀具不碰到工件、夹具和机床的原则而定。换刀点往往是固定的点，且设在距离工件较远的地方。

5.3　制定数控铣削加工工艺及零件图形的数学处理

5.3.1　选择并确定数控铣削加工的内容

数控铣削加工有着自己的特点和适用对象，若要充分发挥数控铣床的优势和关键作用，就必须正确选择数控铣床类型、数控加工对象与工序内容。通常将下列加工内容作为数控铣削加工的主要选择对象：

1）工件上的曲线轮廓，特别是有数学表达式给出的非圆曲线与列表曲线等曲线轮廓；

2）已给出数学模型的空间曲面；

3）形状复杂、尺寸繁多、划线与检测困难的部位；

4）用通用铣床加工时难以观察、测量和控制进给的内外凹槽；

5）以尺寸协调的高精度孔或面；

6）能在一次安装中顺带铣出来的简单表面或形状；

7）采用数控铣削后能成倍提高生产率，大大减轻体力劳动强度的一般加工内容。

此外，立式数控铣床和立式加工中心适于加工箱体、箱盖、平面凸轮、样板、形状复杂的平面或立体零件，以及模具的内、外型腔等；卧式数控铣床和卧式加工中心适于加工箱体、泵体、壳体等零件；多坐标联动的卧式加工中心还可以用于加工各种复杂的曲线、曲面、叶轮、模具等。

5.3.2 数控铣削加工工艺性分析

5.3.2.1 零件图形分析

（1）检查零件图的完整性和正确性

由于加工程序是以准确的坐标点来编制的，因此要注意：

1）各图形几何要素间的相互关系（如相切、相交、垂直、平行和同心等）应明确；

2）各种几何要素的条件要充分，应无引起矛盾的多余尺寸或影响工序安排的封闭尺寸等。

（2）检查自动编程时的零件数学模型

建立复杂表面数学模型后，须仔细检查数学模型的完整性、合理性及几何拓扑关系的逻辑性。

完整性——指是否表达了设计者的全部意图。

合理性——指生成的数学模型中的曲面是否满足曲面造型的要求。

几何拓扑关系的逻辑性——指曲面与曲面之间的相互关系（如位置连续性、切失连续性、曲率连续性等）是否满足指定的要求，曲面的修剪是否干净、彻底等。

要生成合理的刀具运动轨迹，必须首先生成准确无误的数学模型。因此，数控编程所需的数学模型必须满足以下要求：

1）数学模型是完整的几何模型，不能有多余的或遗漏的曲面；

2）数学模型不能有多义性，不允许有曲面重叠现象存在；

3）数学模型应是光滑的几何模型；

4）对外表面的数学模型，必须进行光顺处理，以消除曲面内部的微观缺陷；

5）数学模型中的曲面参数曲线分布合理、均匀，曲面不能有异常的凸起或凹坑。

5.3.2.2 零件结构工艺性分析及处理

（1）零件图样上的尺寸标注应方便编程

在实际生产中，零件图样上尺寸标注对工艺性影响较大，为此对零件设计图纸应提出不同的要求。

（2）分析零件的变形情况，保证获得要求的加工精度过薄的底板或肋板，在加工时由于产生的切削拉力及薄板的弹力退让极易产生切削面的振动，使薄板厚度尺寸公差难以保证，其表面粗糙度也增大。零件在数控铣削加工时的变形，不仅影响加工质量，而且当变形较大时，将使加工不能继续下去。

预防变形的措施有：

①对于大面积的薄板零件，改进装夹方式，采用合适的加工顺序和刀具；

②采用适当的热处理方法，如对钢件进行调质处理，对铸铝件进行退火处理；

③采用粗、精加工分开及对称去除余量等措施来减小或消除变形的影响。

（3）尽量统一零件轮廓内圆弧的有关尺寸

1）轮廓内圆弧半径 R 常常限制刀具的直径。在一个零件上，凹圆弧半径在数值上一致性的问题对数控铣削的工艺性显得相当重要。零件的外形、内腔最好采用统一的几何类型或尺寸，这样可以减少换刀次数。

一般来说，即使不能寻求完全统一，也要力求将数值相近的圆弧半径分组靠拢，达到局部统一，以尽量减少铣刀规格和换刀次数，并避免因频繁换刀而增加了零件加工面上的接刀阶差，降低表面质量。

2）转接圆弧半径值大小的影响。转接圆弧半径大，可以采用较大指精铣刀加工，效率高，且加工表面质量也较好，因此工艺性较好。

铣削面的槽底面圆角或底板与肋板相交处的圆角半径 r 越大，铣刀端刃铣削平面的能力越差，效率也越低。当 r 达到一定程度时甚至必须用球头铣刀加工，这是应当避免的。当铣削的底面面积较大，底部圆弧 r 也较大时，只能用两把圆角半径不同的铣刀分两次进行切削。

（4）保证基准统一原则

有些零件需要在加工中重新安装，而数控铣削不能使用"试切法"来接刀，这样往往会因为零件的重新安装而接不好刀。这时，最好采用统一基准定位，因此零件上应有合适的孔作为定为基准孔。如果零件上没有基准孔，也可以专门设置工艺孔作为定位基准。

5.3.2.3　零件毛坯的工艺性分析

（1）毛坯应有充分、稳定的加工余量

毛坯主要指锻件、铸件。锻件在锻造时欠压量与允许的错模量会造成余量不均匀；铸件在铸造时因砂型误差、收缩量及金属液体的流动性差不能充满型腔等造成余量不均匀。此外，毛坯的挠曲和扭曲变形量的不同也会造成加工余量不充分、不稳定。

为此，在对毛坯的设计时就加以充分考虑，即在零件图样注明的非加工面处增加适当的余量。

（2）分析毛坯的装夹适应性

主要考虑毛坯在加工时定位和夹紧的可靠性与方便性，以便在一次安装中加工出较多表面。对不便装夹的毛坯，可考虑在毛坯另外增加装夹余量或工艺凸台、工艺凸耳等辅助基准。

（3）分析毛坯的变形、余量大小及均匀性

分析毛坯加工中与加工后的变形程度，考虑是否应采取预防性措施和补救措施。如对于热轧中、厚铝板，经淬火时效后很容易加工变形，这时最好采用经预拉伸处理的淬火板坯。

对毛坯余量大小及均匀性，主要考虑在加工中要不要分层铣削，分几层铣削。在自动编程中，这个问题尤为重要。

5.3.3 零件图形的数学处理

（1）零件手工编程尺寸及自动编程时建模图形尺寸的确定

数控铣削加工零件时，手工编程尺寸及自动编程零件建模图形的尺寸不能简单地直接取零件图上的基本尺寸，要进行分析，有关尺寸应按下述步骤进行调整：

1）精度高的尺寸的处理：将基本尺寸换算成平均尺寸；

2）精度低的尺寸的调整：通过修改一般尺寸，保持零件原有几何关系；

3）几何关系的处理：保持原重要的几何关系，如角度、相切等不变；

4）节点坐标尺寸的计算：按调整后的尺寸计算有关未知节点的坐标尺寸；

5）编程尺寸的修正：按调整后的尺寸编程并加工一组工件，测量关键尺寸的实际分散中心并求出常值系统性误差，再按此误差对程序尺寸进行调整，修改程序。

（2）圆弧参数计算误差的处理

按零件图样计算圆弧参数时，一般会产生误差，特别是在两个或两个以上的圆连续相交时，会产生较大误差累积，其结果使圆弧起点相对于圆心的增量值 I、J 的误差较大。此时，可以根据实际零件图形改动一下圆弧半径值或圆心坐标（在许可范围内），或采用互相"借"一点误差的方法来解决。

（3）转接凹圆弧的处理

对于直线轮廓所夹的凹圆弧，一般可由铣刀半径直接形成，而不必走圆弧轨迹。但对于与圆弧相切或相交的转接凹圆弧，通常都用走圆弧轨迹的方法解决。由于转接凹圆弧一般都不大，选择铣刀直径时往往受其制约。如果按放大刀具半径补偿法加工时，若仍沿用图样给出的转接凹圆弧半径，就可能受到限制。因此，最好把图样中最小的转接凹圆弧半径放大一些（在许可范围内），在原刀具不变的情况下，可以扩大刀具半径补偿范围。当其半径较小时，则可先按大圆弧半径来编，再安排补加工。

5.4 选择走刀路线与确定工艺参数

5.4.1 加工工序的划分

在数控机床上特别是在加工中心上加工零件，工序十分集中，许多零件只需在一次装卡中就能完成全部工序。但是零件的粗加工，特别是铸、锻毛坯零件的基准平面、定位面等的加工应在普通机床上完成之后，再装卡到数控机床上进行加工。这样可以发挥数控机床的特点，保持数控机床的精度，延长数控机床的使用寿命，降低数控机床的使用成本。在数控机床上加工零件其工序划分的方法如下。

（1）刀具集中分序法

即按所用刀具划分工序，用同一把刀加工完零件上所有可以完成的部位，在用第二把刀、第三把刀完成它们可以完成的其他部位。这种分序法可以减少换刀次数，压缩空程时间，减少不必要的定位误差。

（2）粗、精加工分序法

这种分序法是根据零件的形状、尺寸精度等因素，按照粗、精加工分开的原则进行分序。对单个零件或一批零件先进行粗加工、半精加工，而后精加工。粗精加工之间，最好隔一段时间，以使粗加工后零件的变形得到充分恢复，再进行精加工，以提高零件的加工精度。

（3）按加工部位分序法

即先加工平面、定位面，再加工孔；先加工简单的几何形状，再加工复杂的几何形状；先加工精度比较低的部位，再加工精度要求较高的部位。

总之，在数控机床上加工零件，其加工工序的划分要视加工零件的具体情况具体分析。许多工序的安排是综合了上述各分序方法的。

5.4.2 选择走刀路线

走刀路线是数控加工过程中刀具相对于被加工件的运动轨迹和方向。走刀路线的确定非常重要，因为它与零件的加工精度和表面质量密切相关。确定走刀路线的一般原则是：

1）保证零件的加工精度和表面粗糙度；

2）方便数值计算，减少编程工作量；

3）缩短走刀路线，减少进退刀时间和其他辅助时间；

4）尽量减少程序段数。

另外，在选择走刀路线时还要充分注意以下几个方面的内容。

（1）避免引入反向间隙误差

　　数控机床在反向运动时会出现反向间隙，如果在走刀路线中将反向间隙带入，就会影响刀具的定位精度，增加工件的定位误差。例如精镗图 5 – 11 中所示的四个孔，由于孔的位置精度要求较高，因此安排镗孔路线的问题就显得比较重要，安排不当就有可能把坐标轴的反向间隙带入，直接影响孔的位置精度。这里给出两个方案，方案 a 如图 5 – 11（a）所示，方案 b 如图 5 – 11（b）所示。

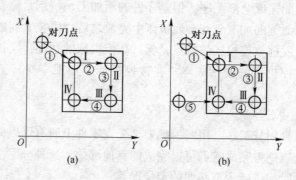

图 5 – 11　镗铣加工路线图

　　从图 5 – 11 中不难看出，方案 a 中由于Ⅳ孔与Ⅰ、Ⅱ、Ⅲ孔的定位方向相反，X 向的反向间隙会使定位误差增加，而影响Ⅳ孔的位置精度。

　　在方案 b 中，当加工完Ⅲ孔后并没有直接在Ⅳ孔处定位，而是多运动了一段距离，然后折回来在Ⅳ孔处定位。这样Ⅰ、Ⅱ、Ⅲ孔与Ⅳ孔的定位方向是一致的，就可以避免引入反向间隙的误差，从而提高了Ⅳ孔与各孔之间的孔距精度。

　　（2）切入切出路径

　　在铣削轮廓表面时一般采用立铣刀侧面刃口进行切削，由于主轴系统和刀具的刚度变化，当沿法向切入工件时，会在切入处产生刀痕，所以应尽量避免沿法向切入工件。当铣切外表面轮廓形状时，应安排刀具沿零件轮廓曲线的切向切入工件，并且在其延长线上加入一段外延距离，以保证零件轮廓的光滑过渡。同样，在切出零件轮廓时也应从工件曲线的切向延长线上切出。如图 5 – 12（a）所示。

　　当铣切内表面轮廓形状时，也应该尽量遵循从切向切入的方法，但此时切入无法外延，最好安排从圆弧过渡到圆弧的加工路线。切出时也应多安排一段过渡圆弧再退刀，如图 5 – 12（b）所示。当实在无法沿零件曲线的切向切入、切出时，铣刀只有沿法线方向切入和切出，在这种情况下，切入切出点应选在零件轮廓两几何要素的交点上，而且进给过程中要避免停顿。

　　为了消除由于系统刚度变化引起进退刀时的痕迹，可采用多次走刀的方法，减小最后精铣时的余量，以减小切削力。

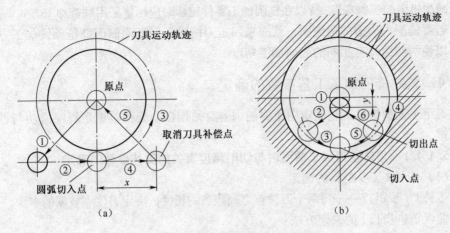

图 5 - 12　铣削圆的加工路线

（a）铣削外圆加工路径　（b）铣削内圆加工路径

在切入工件前应该已经完成刀具半径补偿，而不能在切入工件时同时进行刀具补偿，如图 5 - 12（a）所示，这样会产生过切现象。为此，应在切入工件前的切向延长线上另找一点，作为完成刀具半径补偿点，如图 5 - 12（b）所示。

例如，图 5 - 13 所示零件的切入切出路线应当考虑注意切入点及延长线方向。

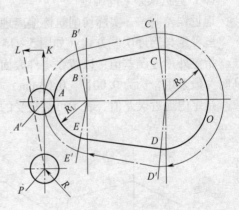

图 5 - 13　切入切出路径

5.4.3　顺、逆铣及切削方向和方式的确定

在铣削加工中，铣刀的旋转方向与工件进给方向相同，称为顺铣；反之则称为逆铣（图 5 - 14）。由于采用顺铣方式时，零件的表面精度和加工精度较高，并且

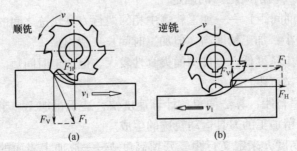

图 5 - 14　顺、逆铣

可以减少机床的"颤振"，所以在铣削加工零件轮廓时应尽量采用顺铣加工方式。

若要铣削内沟槽的两侧面，就应来回走刀两次，保证两侧面都是顺铣加工方式，以使两侧面具有相同的表面加工精度。

5.4.4　数控铣削加工工艺参数的确定

确定工艺参数是工艺制定中重要的内容，采用自动编程时更是程序成功与否的关键。

5.4.4.1　用球铣刀加工曲面时与切削精度有关的工艺参数的确定

（1）步长 l（步距）的确定

步长 l（步距）——每两个刀位点之间距离的长度，决定刀位点数据的多少。

曲线轨迹步长 l 的确定方法：

直接定义步长法：在编程时直接给出步长值，根据零件加工精度确定；

间接定义步长法：通过定义逼近误差来间接定义步长。

（2）逼近误差 e_r 的确定

逼近误差 e_r——实际切削轨迹偏离理论轨迹的最大允许误差。

三种定义逼近误差方式（如图 5-15 所示）：

指定外逼近误差值：以留在零件表面上的剩余材料作为误差值（精度要求较高时一般采用，选为 0.0015~0.03mm）。

指定内逼近误差值：表示可被接受的表面过切量同时指定内、外逼近误差。

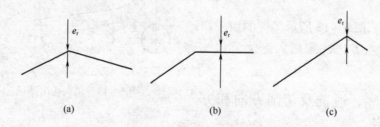

图 5-15　指定逼近误差

（3）行距 S（切削间距）的确定

行距 S（切削间距）——加工轨迹中相邻两行刀具轨迹之间的距离。

影响：行距小：加工精度高，但加工时间长，费用高；

行距大：加工精度低，零件型面失真性较大，但加工时间短。

两种方法定义行距：

1）直接定义行距　算法简单、计算速度快，适于粗加工、半精加工和形状比较平坦零件的精加工的刀具运动轨迹的生成。

2）用残留高度 h 来定义行距　残留高度 h——被加工表面的法矢量方向上两相邻切削行之间残留沟纹的高度。h 大，表面粗糙度值大；h 小，可以提高加工精度，但程序长，占机时间成倍增加，效率降低。选取行距时考虑：粗加工时，行距可选大些，精加工时选小一些。有时为减小刀峰高度，可在原两行之间加密行切一次，即进行刀峰处理，这相当于将 S 减小一半，实际效果更好些。

5.4.4.2　与切削用量有关的工艺参数确定

（1）背吃刀量 a_p 与侧吃刀量 a_e。

背吃刀量 a_p——平行于铣刀轴线测量的切削层尺寸。

侧吃刀量 a_e——垂直于铣刀轴线测量的切削层尺寸。

从刀具耐用度的角度出发，切削用量的选择方法是：

先选取背吃刀量 a_p 或侧吃刀量 a_e，其次确定进给速度，最后确定切削速度。如果零件精度要求不高，在工艺系统刚度允许的情况下，最好一次切净加工余量，以提高加工效率；如果零件精度要求高，为保证精度和表面粗糙度，只好采用多次走刀。

（2）与进给有关参数的确定

在加工复杂表面的自动编程中，有五种进给速度须设定，它们是：

1）快速走刀速度（空刀进给速度）　为节省非切削加工时间，一般选为机床允许的最大进给速度，即 G00 速度。

2）下刀速度（接近工件表面进给速度）　为使刀具安全可靠的接近工件，而不损坏机床、刀具和工件，下刀速度不能太高，要小于或等于切削进给速度。对软材料一般为 200mm/min；对钢类或铸铁类一般为 50mm/min。

3）切削进给速度 F　切削进给速度应根据所采用机床的性能、刀具材料和尺寸、被加工材料的切削加工性能和加工余量的大小来综合确定。

一般原则是：工件表面的加工余量大，切削进给速度低；反之相反。

切削进给速度可由机床操作者根据被加工工件表面的具体情况进行手工调整，以获得最佳切削状态。切削进给速度不能超过按逼近误差和插补周期计算所允许的进给速度。

进给速度建议值：

加工塑料类制件：1500mm/min；

加工大余量钢类零件：250mm/min；

小余量钢类零件精加工：500mm/min；

铸件精加工：600mm/min。

4）行间连接速度（跨越进给速度）　行间连接速度是指刀具从一切削行运动到下一切削行的运动速度。该速度一般小于或等于切削进给速度。

5）退刀进给速度（退刀速度）　为节省非切削加工时间，一般选为机床允许的最大进给速度，即 G00 速度。

（3）与切削速度有关的参数确定

1）切削速度 v_c　切削速度 v_c 的高低主要取决于被加工零件的精度和材料、

刀具的材料和耐用度等因素。

2）主轴转速 n　主轴转速 n 根据允许的切削速度 v_c 来确定：$n = 1000v_c/\pi d$。理论上，v_c 越大越好，这样可以提高生产率，而且可以避开生成积屑瘤的临界速度，获得较低的表面粗糙度值。但实际上由于机床、刀具等的限制，使用国内机床、刀具时允许的切削速度常常只能在 $100 \sim 200\mathrm{m/min}$ 范围内选取。

5.5　典型零件数控铣削加工工艺分析

5.5.1　孔类零件加工工艺分析

孔加工的特点是刀具在 XY 平面内定位到孔的中心，然后刀具在 Z 方向作一定的切削运动，孔的直径由刀具的直径来决定，根据实际选用刀具和编程指令的不同，可以实现钻孔、铰孔、镗孔、攻丝等孔加工的形式。一般来说，较小的孔可以用钻头一次加工完成，较大的孔可以先钻孔再扩孔，或用镗刀进行镗孔，也可以用铣刀按轮廓加工的方法铣出相应的孔。如果孔的位置精度要求较高，可以先用中心钻钻出孔的中心位置。刀具在 Z 方向的切削运动可以用插补命令 G01 来实现，但一般都使用钻孔固定循环指令来实现孔的加工。

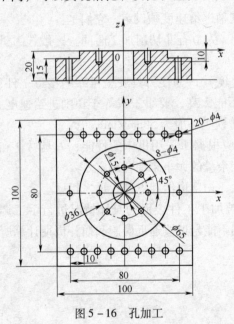

图 5 - 16　孔加工

例如，要编程加工如图 5 - 16 所示的 $\phi4\mathrm{mm}$ 的系列孔，图中的其他表面已经加工完成，工件材料为 45 钢。

（1）零件图的分析

该工件的材料为 45 钢，切削性能较好，孔直径尺寸精度不高，可以一次钻削完成。孔的位置没有特别要求，可以按照图样的基本尺寸进行编程。环形分布的孔为盲孔，当钻到孔底部时应使刀具在孔底停留一段时间，外侧孔的深度较深，应使刀具在钻削过程中适当退刀以利于排出切屑。

（2）加工方案和刀具选择

工件上要加工的孔共 28 个，先钻削环形分布的 8 个孔，钻完第 1 个孔后刀具退到孔上方 1mm 处，再快速定位到第 2 个孔上方，钻削第 2 个孔，直到 8 个孔全钻完。然后将刀具快速定位到右上方第 1 个孔的上方，钻完一个孔后刀具退到这个孔上方 1mm 处，再快速定位到第 2 个孔上方，钻削第 2 个孔，直到 20 个孔全钻完。钻削用的刀具选择 ϕ4mm 的高速钢麻花钻。

（3）切削用量的选择

影响切削用量的因素很多，工件的材料和硬度、加工的精度要求、刀具的材料和耐用度、是否使用切削液等都直接影响到切削用量的大小。在数控程序中，决定切削用量的参数是主轴转速 n 和进给速度 v_f，主轴转速 n、进给速度 v_f 值的选择与在普通机床上加工时的值相似，可以通过计算的方法得到，也可查阅金属切削工艺手册，或根据经验数据给定。本例设 n 为 1000r/min，v_f 为 40mm/min。

（4）工件的安装

工件毛坯在工作台上的安装方式主要根据工件毛坯的尺寸和形状、生产批量的大小等因素来决定，一般大批量生产时考虑使用专用夹具，小批量或单件生产时使用通用夹具如平口钳等，如果毛坯尺寸较大也可以直接装夹在工作台上。本例中的毛坯外形方正，可以考虑使用平口钳装夹，同时在毛坯下方的适当位置放置垫块，防止钻削通孔时将平口钳钻坏。

5.5.2　轮廓加工工艺分析

一般来说，轮廓加工是指用圆柱形铣刀的侧刃来切削工件，成形一定尺寸和形状的轮廓。轮廓加工一般根据工件轮廓的坐标来编程，而用刀具半径补偿的方法使刀具向工件轮廓一侧偏移，以切削成形准确的轮廓轨迹。如果要实现粗、精切削，也可以用同一程序段，通过改变刀具半径补偿值来实现粗切削和精切削。如果切削工件的外轮廓，刀具切入和切出时要注意避让夹具，并使切入点的位置和方向尽可能是切削轮廓的切线方向，以利于刀具切入时受力平稳。如果切削工件的内轮廓，更要合理选择切入点、切入方向和下刀位置，避免刀具碰到工件上不该切削的部位。

如图 5-17 所示，工件毛坯为 ϕ85mm×30mm 的圆柱件，材料为硬铝，加工其上部轮廓后形成如图所示的凸台。

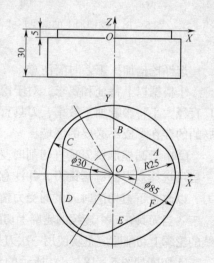

（1）零件图的分析

该工件的材料为硬铝，切削性能较好，加工部分凸台的精度不高，可以按照图样的基本尺寸进行编程，一次铣削完成。

图 5-17　轮廓加工

（2）加工方案和刀具选择

由于凸台的高度是 5mm，工件轮廓外的切削余量不均匀，根据计算，选用 ϕ10mm 的圆柱形直柄铣刀可通过一次铣削成形凸台轮廓。

（3）切削用量的选择

综合分析工件的材料和硬度、加工的精度要求、刀具的材料和耐用度、使用切削液等因素，主轴转速 n 设为 800r/min，进给速度 v_f 设为 40mm/min。

（4）工件的安装

本例工件毛坯的外形是圆柱形，为使工件定位和装夹准确可靠，选择两块 V 形块和平口钳来装夹。

5.5.3 挖槽加工工艺分析

（1）挖槽加工的形式

挖槽加工是轮廓加工的扩展，它既要保证轮廓边界，又要将轮廓内（或外）的多余材料铣掉，根据图样要求的不同，挖槽加工通常有如图 5 – 18 所示的几种形式；其中图（a）为铣掉一个封闭区域内的材料，图（b）为在铣掉一个封闭区域内的材料的同时，要留下中间的凸台（一般称为岛屿），图（c）为由于岛屿和外轮廓边界的距离小于刀具直径，使加工的槽形成了两个区域，图（d）为要铣掉凸台轮廓外的所有材料。

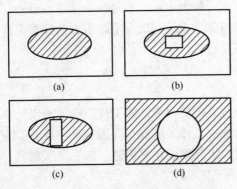

图 5 – 18 挖槽加工的常见形式

选择挖槽加工工艺时需注意：

①根据以上特征和要求，对于挖槽的编程和加工要选择合适的刀具直径，刀具直径太小将影响加工效率，刀具直径太大可能使某些转角处难于切削，或由于岛屿的存在形成不必要的区域。

②由于圆柱形铣刀垂直切削时受力情况不好，因此要选择合适的刀具类型，一般可选择双刃的键槽铣刀，并注意下刀时的方式，可选择斜向下刀或螺旋形下刀，以改善下刀切削时刀具的受力情况。

③当刀具在一个连续的轮廓上切削时使用一次刀具半径补偿，刀具在另一个连续的轮廓上切削时应重新使用一次刀具半径补偿，以避免过切或留下多余的凸台。

④切削如图 5 – 18（d）所示的形状时，不能用图样上所示的外轮廓作为边界，因为将这个轮廓作边界时角上的部分材料可能铣不掉。

（2）工艺分析及处理

如图 5 – 19 所示，工件毛坯为 100mm×80mm×25mm 的长方体零件，材料为 45 钢，要加工成形中间的环形槽。根据零件图分析，要加工的部位是一个环形槽，中间的凸台作为槽的岛屿，外轮廓转角处的半径是 $R4$，槽较窄处的宽度是

10mm，所以选用直径 ϕ6mm 的直柄键槽铣刀较合适。工件安装时可直接用平口钳来装夹。

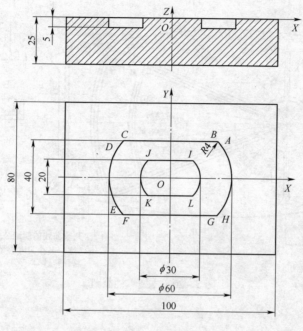

图 5 – 19　挖槽加工

5.5.4　支架零件的数控铣削加工工艺

图 5 – 20 所示为薄板状的支架，结构形状较复杂，是适合数控铣削加工的一种典型平面类零件。下面简要介绍该零件的工艺分析过程。

（1）零件图样工艺分析

1）结构分析　由图 5 – 20 可知，该零件的加工轮廓由列表曲线、圆弧及直线构成，形状复杂，加工、检验都较困难，除粗铣底平面宜在普通铣床上铣削外，其余各加工部位均需采用数控铣床加工。

2）精度分析　该零件的列表曲线尺寸公差为 0.2mm，其余尺寸公差都为 IT14 级，表面粗糙度均为 Ra6.3μm，比较容易加工。但其腹板厚度只有 2mm，且面积较大，加工时极易产生振动，处理不好可能会导致其壁厚公差及表面粗糙度难以达到要求。

3）毛坯、余量分析　支架的材料为锻铝 LD5，毛坯为锻件，形状与零件相似，各处均有单边加工余量 5mm（毛坯图略）。零件在加工后各处厚薄尺寸相差非常大，除扇形框外，其他各处刚性很差，尤其是腹板两面切削余量相对其基本尺寸较大 $\{(5-2)\div 2\times 100\%=150\%\}$，故该零件在铣削过程中和铣削后都将

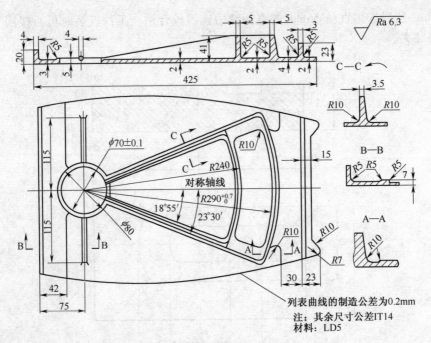

图 5-20 支架零件简图

产生较大变形。

4）结构工艺性分析 该零件被加工轮廓表面的最大高度 $H = 41 - 2 = 39$（mm），转接圆弧为 $R10$mm，R 略大于 $0.2H$，故该处的铣削工艺性尚可。全部底圆角为 $R10$mm 和 $R5$mm，不统一，另外，加工列表曲线轮廓的铣刀底圆角半径应尽可能小，故需多把不同底圆角半径的铣刀。

5）定位基准分析 该零件只有底面 $\phi70$mm 孔（先制成 $\phi20H7$，的工艺孔）可作定位基准，还缺一孔，需要在毛坯上专做一辅助工艺基准孔。

根据上述分析，针对提出的主要问题（变形及 2mm 厚的腹板难加工），采取如下工艺措施：

①设计真空夹具，提高薄板件的装夹刚性；

②安排粗、精加工及钳工矫形；

③采用小直径铣刀加工，减小切削力；

④先铣加强筋，后铣腹板，最后铣外形及 $\phi70$ 孔，有利于提高刚性，防止振动；

⑤在毛坯右侧对称轴线处增加一工艺凸耳，并在该凸耳上加工一工艺孔，解决缺少的定位基准；

⑥腹板与扇形框周缘相接处的底圆角半径 $R10$mm，采用底圆角半径为 $R10$mm 的成形球铣刀（带 7°斜角）补加工完成。

（2）制定工艺过程

根据前述的工艺措施，制定支架加工主要工艺过程：

1）普通铣床：铣底平面；

2）立式钻床：钻、镗 $2 \times \phi20H7$ 定位孔；

3）数控铣床：粗铣腹板厚度、型面轮廓及内外形；

4）数控铣床：精铣腹板厚度、型面轮廓及内外形；

5）普通铣床：铣去工艺凸耳；

6）钳工：矫平底面、表面光整、尖边倒角；

7）表面处理。

（3）确定装夹方案

如前所述，在数控铣削加工工序中，选择底面 $\phi70mm$ 孔位置上预制的 $\phi20H7$ 工艺孔以及工艺凸耳上的 $\phi20H7$ 工艺孔为定位基准，夹具定位元件为"一面两销"。

图 5－21 所示的是专为数控铣削工序中设计制造的过渡真空平台。利用真空

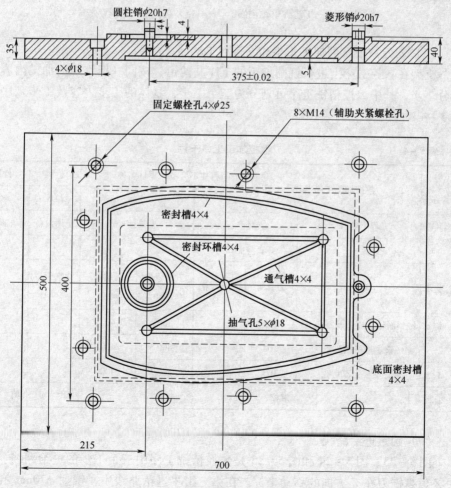

图 5－21　支架零件专用过渡真空平台

来吸紧工件，夹紧面积大，夹紧力均匀，夹紧刚性好，铣削时不易产生振动，非常适用于薄板件装夹。为防止抽真空装置发生故障或漏气，使夹紧力突然消失或下降，需另加辅助夹紧装置，避免工件松动。图 5 – 22 即为数控铣削加工装夹示意图。

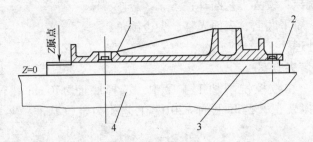

图 5 – 22　支架零件数控铣削加工装夹示意图
1—支架　2—工艺凸耳及定位孔　3—真空夹具平台　4—真空平台

（4）划分数控铣削加工工步和安排加工顺序

支架在数控机床上进行铣削加工的工序共两道，按同一把铣刀的加工内容来划分工步，其中数控精铣工序可划分为三个工步，具体的工步内容及工步顺序见表 5 – 4。

表 5 – 4　　　　　　　　　　　　数控加工工序卡片

单位名称	数控加工工序卡片		产品名称	零件名称		材料	零件图
				支架		LD5	
工序号	程序编号		夹具名称	夹具编号		使用设备	车间
			真空夹具				
工步号	工步内容	刀具号	刀具规格	主轴转速 /r·min^{-1}	进给量 /mm·r^{-1}	背吃刀量 /mm	备注
1	铣型面轮廓周边及圆角 $R5$	T01		800	400		
2	铣扇形框内外形	T02		800	400		
3	铣外形及 $\phi70$ 孔	T03		800	400		
编制		审核		批准		共　页	第　页

（5）确定进给路线

图 5 – 23、图 5 – 24 和图 5 – 25 是数控精铣工序中三个工步的进给路线。图中 Z 值是铣刀在 Z 方向的移动坐标。在第三工步进给路线中，铣削 $\phi70$mm 孔的进给路线未绘出。粗铣进给路线从略。

数控机床进给路线图		零件图号		工序号		工步号	1	程序编号	
机床型号	程序段号		加工内容	铣型面轮廓周边 R5mm				共3页	第1页

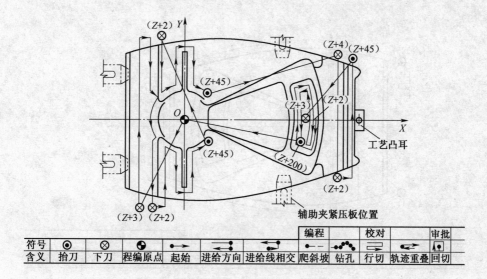

	编程		校对		审批	
符号	⊙	⊗	⊕	•→	•→•	⬆•→	•−−	••••	⟦⟧	⇄	⬆↩
含义	抬刀	下刀	程编原点	起始	进给方向	进给线相交	爬斜坡	钻孔	行切	轨迹重叠	回切

图 5－23　铣支架零件型面轮廓周边 R5mm 进给路线图

数控机床进给路线图		零件图号		工序号		工步号	1	程序编号	
机床型号	程序段号		加工内容	铣型面轮廓周边 R5mm				共3页	第2页

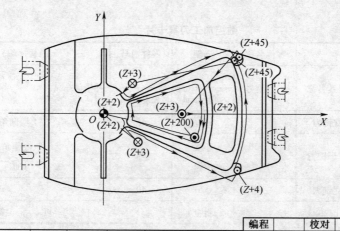

	编程		校对		审批	
符号	⊙	⊗	⊕	•→	•→•	⬆•→	•−−	••••	⟦⟧	⇄	⬆↩
含义	抬刀	下刀	程编原点	起始	进给方向	进给线相交	爬斜坡	钻孔	行切	轨迹重叠	回切

图 5－24　铣支架零件扇形框内外形进给路线图

数控机床进给路线图	零件图号			工序号		工步号	1	程序编号	
机床型号	程序段号		加工内容		铣型面轮廓周边 R5mm			共3页	第3页

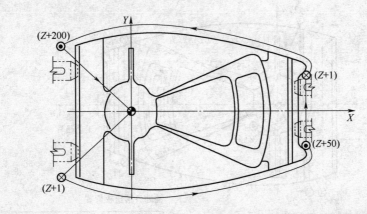

	编程		校对		审批	
符号	⊙	⊗	⊕	→	⇥	⇥	∿	••••	⇄	⇆	⊡
含义	抬刀	下刀	程编原点	起始	进给方向	进给线相交	爬斜坡	钻孔	行切	轨迹重叠	回切

图 5-25　铣支架零件外形进给路线图

（6）选择刀具

铣刀种类及几何尺寸根据被加工表面的形状和尺寸选择。本例数控精铣工序选用铣刀为立铣刀和成形铣刀，刀具材料为高速钢，所选铣刀及其几何尺寸见表5-5数控加工刀具卡片。

表 5-5　　　　　　　　　　数控加工刀具卡片

产品名称或代号			零件名称	支架	零件图号		程序编号	
工步号	刀具号	刀具名称	刀具型号	刀具		补偿值/mm	备注	
				直径/mm	长度/mm			
1	T01	立铣刀		φ20	45		底圆角 R5mm	
2	T02	成形铣刀		小头 φ20	45		底圆角 R10mm（带 7°斜角）	
3	T03	立铣刀		φ20	40			
编制		审核		批准		共　页	第　页	

（7）确定切削用量

切削用量根据工件材料、刀具材料及图样要求选取。数控精铣的三个工步所用铣刀直径相同，加工余量和表面粗糙度也相同，故可选择相同的切削用量。所

选主轴转速 $n = 800\mathrm{r/min}$，进给速度 $v_\mathrm{f} = 400\mathrm{mm/min}$（见表 5 – 4）。

5.6　数控铣削加工综合实例

在数控铣床上加工如图 5 – 26 所示的端盖零件，材料 HT200，毛坯尺寸为 170mm × 110mm × 50mm。实际生产应用中，一般不会选用长方块件作为这种零件的毛坯，而是用余量已经较少的铸件，例中这样选择，仅仅是为了得到更多的练习内容。试分析该零件的数控铣削加工工艺并编写加工程序。

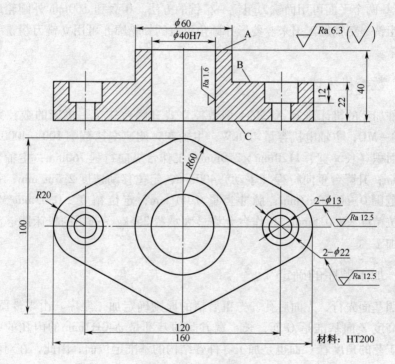

图 5 – 26　端盖零件图

5.6.1　零件图工艺分析

通过零件图工艺分析，确定零件的加工内容、加工要求，初步确定各个加工结构的加工方法。

（1）加工内容

该零件主要由平面、孔系及外轮廓组成，因为毛坯是长方块件，尺寸为 170mm × 110mm × 50mm，加工内容包括：$\phi 40\mathrm{H7mm}$ 的内孔；阶梯孔 $\phi 13\mathrm{mm}$ 和 $\phi 22\mathrm{mm}$；A、B、C 三个平面；$\phi 60\mathrm{mm}$ 外圆轮廓；安装底板的菱形并用圆角过渡的外轮廓。

（2）加工要求

零件的主要加工要求为：ϕ40H7mm 的内孔的尺寸公差为 H7，表面粗糙度要求较高，为 Ra1.6μm。其他的一般加工要求为：阶梯孔 ϕ13mm 和 ϕ22mm 只标注了基本尺寸，可按自由尺寸公差等级 IT11～IT12 处理，表面粗糙度要求不高，为 Ra12.5μm；平面与外轮廓表面粗糙度要求 Ra6.3μm。

（3）各结构的加工方法

由于 ϕ40H7mm 的内孔的加工要求较高，拟选择钻中心孔→钻孔→粗镗（或扩孔）→半精镗→精镗的方案。阶梯孔 ϕ13mm 和 ϕ22mm 可选择钻孔→锪孔方案。A，C 两个平面可用面铣刀粗铣→精铣的方法。B 面和 ϕ60mm 外圆轮廓可用立铣刀粗铣→精铣加工出来。菱形并圆角过渡的外轮廓亦可用立铣刀粗铣→精铣加工出来。

5.6.2　数控机床选择

零件加工的机床选择 XK5034 型数控立式升降台铣床。机床的数控系统为 FANUC0－MD；主轴电机容量 4.0kW；主轴变频调速变速范围 100～4000r/min；工作台面积（长×宽）1120mm×250mm；工作台纵向行程 760mm；主轴套筒行程 120mm；升降台垂向行程（手动）400mm；定位移动速度 2.5m/min；铣削进给速度范围 0～0.50m/min；脉冲当量 0.001mm；定位精度 ±0.03mm/300mm；重复定位精度 ±0.015mm；工作台允许最大承载 256kg。选用的机床能够满足本零件的加工。

5.6.3　加工顺序的确定

按照基面先行、先面后孔、先粗后精的原则确定加工顺序。由零件图可见，零件的高度 Z 向基准是 C 面，长、宽方向的基准是 ϕ40H7mm 的内孔的中心轴线。从工艺的角度看 C 面也是加工零件各结构的基准定位面，因此，在对各个加工内容加工的先后顺序的排列中，无疑，第一个要加工的面是 C 面，且 C 面的加工与其他结构的加工不可以放在同一个工序。

ϕ40H7mm 的内孔的中心轴线又是底板的菱形并圆角过渡的外轮廓的基准，因此它的加工应在底板的菱形外轮廓的加工前，加工中考虑到装夹的问题，ϕ40H7mm 的内孔和底板的菱形外轮廓也不便在同一次装夹中加工。

按数控加工应尽量集中工序加工的原则，可把 ϕ40H7 的内孔、阶梯孔 ϕ13 和 ϕ22，A，B 两个平面、ϕ60 外圆轮廓在一次装夹中加工出来。这样按装夹次数为划分工序的依据，则该零件的加工主要分三个工序，次序是：①加工 C 面；②加工 A，B 两个平面 ϕ40H7 的内孔；阶梯孔 ϕ13 和 ϕ22；③加工底板的菱形外轮廓。

在加工 ϕ40H7 的内孔、阶梯孔 ϕ13 和 ϕ22，A，B 两个平面的工序中，根据先面后孔的原则，又宜将 A、B 两个平面及 $\phi60$ 外圆轮廓的加工放在孔加工之前，且 A 面加工在前。至此零件的加工顺序基本确定，总结如下：

1）第一次装夹加工 C 面。

2）第二次装夹加工 A 面→加工 B 面及 $\phi60$ 外圆轮廓→加工 $\phi40H7$ 的内孔、阶梯孔 $\phi13$ 和 $\phi22$。

3）第三次装夹加工底板的菱形外轮廓。

5.6.4　确定装夹方案

根据零件的结构特点，第一次装夹加工 C 面，选用平口虎钳夹紧。

第二次装夹加工 A 面，加工 B 面及 $\phi60$ 外圆轮廓和加工 $\phi40H7$ 的内孔、阶梯孔 $\phi13$ 和 $\phi22$ 亦选用平口虎钳夹紧，但需要注意的是工件要高出钳口 25mm 以上，下面用垫块，垫块的位置要适当，应避开钻通孔加工时的钻头伸出的位置，如图 5-27 所示。

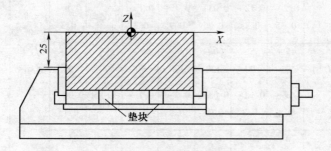

图 5-27　工件在平口虎钳装夹加工

铣削底板的菱形外轮廓时，采用典型的一面两孔定位方式，即以底面、$\phi40H7$ 和一个 $\phi13$ 孔定位，用螺纹压紧的方法夹紧工件。测量工件零点偏置值时，应以 $\phi40H7$ 已加工孔面为测量面，用主轴上装百分表找 $\phi40H7$ 的孔心的机床 X，Y 机械坐标值作为工件 X，Y 向的零点偏置值。装夹方式如图 5-28 所示。

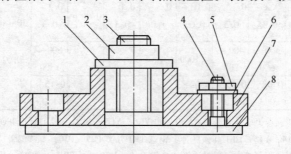

图 5-28　外轮廓铣削装夹方式

1—开口垫圈　2—压紧螺母　3—螺纹圆柱销　4—带螺纹削边销
5—辅助压紧螺母　6—垫圈　7—工件　8—垫块

5.6.5 刀具与切削用量选择

该零件孔系加工的刀具与切削用量的选择参考表 5-6 所示。

表 5-6　成量集团公司数控刀具硬质合金刀推荐切削用量表

项目		κr=90°,75° 面铣刀		齿面铣刀	三面刃铣刀	螺旋立铣刀（玉米铣刀）		螺旋齿立铣刀	整体合金立铣刀		
		粗铣	精铣			铣槽	铣平面		φ3	φ3.5~6	φ7~8
普通碳钢	v/(m·min⁻¹)	80~150	100~180	150~300	150~300	60~100	60~160	150~300			
	fz/(mm·齿⁻¹)	0.2~0.4	0.12~0.4	0.03~0.06	0.3~1.0	0.1~0.3	Hm 0.06~0.5	0.15~0.4			
低合金钢	v/(m·min⁻¹)	60~120	80~150	120~240	120~240	60~100	60~160	120~240	v=30~40 fz=0.015	v=30~40 fz=0.02~0.04	v=40~60 fz=0.03~0.06
	fz/(mm·齿⁻¹)	0.2~0.35	0.12~0.35	0.03~0.06	0.3~0.9	0.1~0.3	Hm 0.06~0.15	0.1~0.3			
高强度合金钢	v/(m·min⁻¹)	45~85	55~90	60~120	60~120	55~90	55~90	30~90			
	fz/(mm·齿⁻¹)	0.2~0.4	0.12~0.3	0.03~0.06	0.2~0.8	0.1~0.2	Hm 0.08~0.15	0.08~0.15			
铸钢	v/(m·min⁻¹)	70~130	80~150	75~105	75~105	50~90	50~90	75~105			
	fz/(mm·齿⁻¹)	0.2~0.4	0.15~0.3	0.03~0.06	0.3~1.0	0.1~0.3	Hm 0.08~0.2	0.1~0.3			
铸铁	v/(m·min⁻¹)	50~90	60~120	75~140	75~140	50~130	50~130	75~140	v=30~40 fz=0.02	v=30~40 fz=0.03~0.06	v=40~60 fz=0.04~0.08
	fz/(mm·齿⁻¹)	0.2~0.35	0.12~0.3	0.03~0.06	0.3~1.0	0.1~0.3	Hm 0.08~0.2	0.1~0.3			
低轻金属	v/(m·min⁻¹)	300~600	400~800	<1000				600~1500			
	fz/(mm·齿⁻¹)	0.08~0.3	0.05~0.2	0.03~0.05				0.15~1.0			

注：①加工一般铸铁选 ISO 分类 K10~K30，如 YG6，YG8；加工一般钢材选 ISO 分类 P10~P30，如 YT15，YT14，YT5；加工高强度合金钢选 ISO 分类 P25~P30，如 YS25，YS30；加工耐热钢、高温钢、不锈钢等难加工材料选 ISO 分类 M10~M20，如 YW1，YW2；加工有色金属选 ISO 分类 K01~K10，如 YG3A，YG6A，YG6X。

②可转位螺旋立铣刀 $f_z = h_m$。其中，a_w 为铣刀切入工件宽度，D 为铣刀直径。

③对于面铣刀，表中数值适合 $\kappa_r = 90°$、75°，对 $\kappa_r = 60°$、45°，f_z 取值分别乘以 1.1 和 1.4。

平面铣削上下表面时，表面宽度 110mm，拟用面铣刀单次平面铣削，为使铣刀工作时有合理的切入切出角，面铣刀直径尺寸的选择最理想的宽度应为材料宽度的 1.3 ~ 1.6 倍，因此用 $\phi160mm$ 的硬合金面铣刀，齿数 10，一次走刀完成粗铣，设定粗铣后留精加工余量 0.5mm。

加工 $\phi60$ 外圆及其台阶面和外轮廓面时，考虑 $\phi60$ 外圆及其台阶面同时加工完成，且加工的总余量较大，拟选用 $\phi63$，四个齿的 7：24 的锥柄螺旋齿硬质合金立铣刀加工，它具有高效切削性能。因为表面粗糙度要求是 $Ra6.3\mu m$，因此粗精加工用一把刀完成，设定粗铣后留精加工余量 0.5mm。粗加工时选 $v_f = 75m/min$，$f_z = 0.1mm$，则 $S = 318 \times 75 \div 63 \approx 360$ （mm），$v_f = 0.1 \times 4 \times 360 \approx 140mm/min$，精加工时 v_f 取 80mm/min。

底板的菱形外轮廓加工时，铣刀直径不受轮廓最小曲率半径限制，考虑到减少刀具数，还选用 $\phi63mm$ 硬质合金立铣刀加工（毛坯长方形底板上菱形外轮廓之外四个角可预先在普通机床上去除）。

5.6.6　拟订数控铣削加工工序卡片

把零件加工顺序、所采用的刀具和切削用量等参数编入表 5 - 7 所示的数控加工工序卡片中，以指导编程和加工操作。

表 5 - 7　　　　　　　　　　　工序卡片

单位名称	数控加工工序卡片	产品名称	零件名称		材料	零件图
			端盖		HT200	
工序号	程序编号	夹具名称	夹具编号		使用设备	车间
工步号	工步内容	刀具号	刀具规格/mm	主轴转速/r·min⁻¹	进给量/mm·r⁻¹	背吃刀量/mm	备注
1	粗铣定位基准面（底面）	T01	$\phi160$	180	300	4	
2	精铣定位基面	T01	$\phi160$	180	150	0.2	
3	粗铣上表面	T01	$\phi160$	180	300	5	
4	精铣上表面	T01	$\phi160$	180	150	0.5	
5	粗铣 $\phi160$ 外圆及其台阶面	T02	$\phi63$	360	140	5	
6	精铣 $\phi160$ 外圆及其台阶面	T02	$\phi63$	360	80	0.5	
7	钻 3 个中心孔	T03	$\phi3$	2000	80	3	
8	钻 $\phi40H7$ 底孔	T04	$\phi38$	200	40	19	
9	粗镗 $\phi40H7$ 内孔表面	T05	$\phi25 \times 25$	400	60	0.8	
10	精镗 $\phi40H7$ 内孔表面	T06	$\phi25 \times 25$	500	30	0.2	

续表

工步号	工步内容	刀具号	刀具规格 /mm	主轴转速 /r·min⁻¹	进给量 /mm·r⁻¹	背吃刀量 /mm	备注
11	钻 2 - φ13 螺孔	T07	φ13	500	70	6.5	
12	2 - φ22 锪孔	T08	φ22 × 14	350	40	4.5	
13	粗铣外轮廓	T02	φ63	360	140	11	
14	精铣外轮廓	T02	φ63	360	80	22	
编制		审核		批准		共 页	第 页

5.6.7 加工程序

$\phi 40$ 圆的圆心处为工件编程 X，Y 轴原点坐标，Z 轴原点坐标在工件上表面。主要操作步骤与加工程序如下。

（1）粗精铣定位基准面 C（底面）

采用平口钳装夹，用 $\phi 160$ 平面端铣刀，主轴转速为 180r/min，起刀点坐标为（180，-20，-4），粗加工的路线设计可参考第五节的有关平面加工的分析。粗精加工程序为：

N1 G21；

N2 G17 G40 G94 G49 Gi80；

N3 G90 G54 G00 X180 Y-20 S180 M03；

N4 G43 Z20 H01；

N5 G01 Z-4 F800 M08；没有切削，可用 F800，用 G00 也可以，用 G01 出于更多对意外的考虑

N6 X-180 F300；

N7 Z-5；

N8 X180 F150；

N9 G00 Z20 M09；

N10 G49 G28 Z20；

N11 M30。

（2）粗精铣 A 表面加工程序

程序与上面的程序相同。

（3）用 $\phi 63$ 平面端铣刀，粗铣 $\phi 60$ 外圆及其台阶面的程序

粗铣程序，在 XY 向粗铣 $\phi 62$ 外圆，则留精加工余量为单边 1mm。从 $Z0$ 分层切削到 $Z-17.5$，Z 向留 0.5 的精加工余量，若分层次数为 4 次，则每次 Z 向进刀 $17.5 \div 4 = 4.375$（mm），每层切削程序用子程序编制，主程序则需要调用子程序 4 次。粗加工子程序的切削进刀路线如图 5-29 所示，X，Y 向是从外圆

的法向引入和切出。

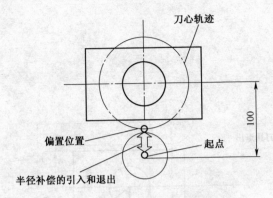

图 5-29　ϕ60 粗加工子程序进刀路线

主程序和子程序的编写如下：

O3332；　　（主程序）

N1　G21；

N2　G17　G40　G80；

N3　G90　G54　G00　XO　Y-100　S360　M03；到达 X，Y 向的起刀点；

N4　G43　Z3　HO1　M08；建立长度补偿，并 Z 向快速接近工件；

N5　G01　Z0　F200；到达向起始位置为 GO；

N6　M98　P3333　L4；调用子程序 4 次；

N7　G90　G00　Z25；

N8　M98　P3334；

N9　G90　G00　Z25　M09；

N10　G49　G28　Z25　M05；

N11　M30；

%

O3333；O3333 的子程序；

N581　G91　G01　Z-4. 375　D01　F140；

N582　G90　G42　G01　Y-31；直线到达 R31 整圆插补起点并建立半径补偿；

N582　G03　J31；铣 R31 的整圆轮廓；

N583　G00　G40　Y-90；回到起始切削点；

N583　M99；

%

O3334；精加工程序为：如图 5-30 所示为 ϕ60mm 精加工子程序进刀路线；

G00　X-120　Y-35；

Z-18；

G01 G41 X – 30 F80；

G01 Y0；

G03 I30；

G01 Y30；

G40 Y90。

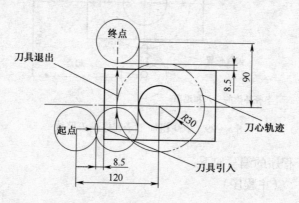

图 5 – 30　φ60 精加工子程序进刀路线

（4）用 φ63 硬质合金立铣刀加工底板的菱形外轮廓的程序

形外轮廓之外四个角可预先在普通机床上去除，这样粗铣程序 *XY* 向铣外轮廓时，*XY* 向走刀一周即可，留精加工余量为单边 1mm，单边余量 1mm 可通过增大半径补偿值的方法得到，即如实测半径为 31.5mm，取 32.5mm 作为粗加工的半径补偿值，则轮廓就留下了 1mm 的余量，粗加工的半径补偿值 32.5 存在 D22 补偿地址。从 Z – 18 分层切削到 Z – 42，总深 24mm，若分层次数为 3 次，则每次 Z 向进刀 8mm，每层切削程序用子程序编制，主程序则需要调用子程序 3 次。子程序的切削进刀路线如图 5 – 31 所示。

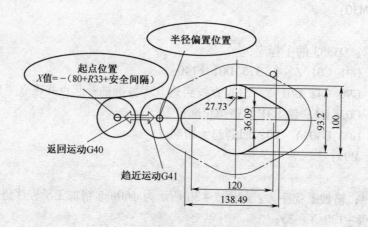

图 5 – 31　菱形外轮廓粗加工子程序进刀路线

以下为粗铣外轮廓加工程序：

00010；（主程序）

N10 G21G90 G94 G40 G49 G17；

N20 G91 G28 Z0：

N30 G90 G94；

N40 G00 G00 X－120.0 Y0.0；

N50 G43 G00 Z－15.0 H0.1；

N60 S360 M03；

N70 G01 Z－18.0 F140；

N80 M98 P110 L3；

N90 G91 C28 Z0；

N100 M05；

N110 M30；

子程序

00011；

N120 G91 G01 Z－8.0 F50；

N125 G90 G41 G01 X－80.0 Y0. D22；

N130 G02 X－69.245 Y18.045 R20.0；

N135 G01 X－18.865 Y46.6；

N140 G02 X18.865 R30.0；

N145 G01X69.245 Y18.045；

N150 G02 Y－18.045 R20.0；

N160 G01 X18.865 Y－46.6；

N170 G02 X－18.865 R30.0；

N180 G01 X－69.245 Y－18.245；

N190 C02 X－80.0 Y0 R20.0；

N210 G40 G01 X－120.0；

N220 M99。

（5）精铣外轮廓

亦用 ϕ63mm 立铣刀，主轴转速为 360r/min，进给速度 80mm/min，在 Z 轴方向不分层，一次铣削到位。与粗加工的法向引入、切出的进刀路线不同的是，精加工引入、切出的进刀路线是从轮廓的切线方向引入和切出。如图 5－32 所示的菱形外轮廓精加工时引入、切出的进刀路线，其他程序段的编写与粗加工子程序的编写相似，这里省略。

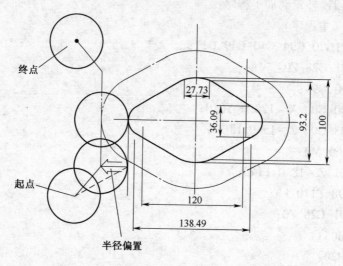

图 5 – 32　菱形外轮廓精加工引入切出的进刀路线

习题五

5 – 1　数控铣床的类型有哪些？其用途如何？

5 – 2　数控铣床是由哪几部分组成的？

5 – 3　数控铣削的主要加工对象有哪些？其特点是什么？

5 – 4　数控铣床加工工艺的基本特点和主要内容是什么？

5 – 5　在数控铣削加工中，选择定位基准应遵循的原则有哪些？

5 – 6　为什么要求尽量将零件上的设计基准选择为定位基准？

5 – 7　如何确定对刀点？选择对刀点的原则是什么？

5 – 8　换刀点一般设在什么地方？为什么？

5 – 9　当对刀点是圆柱孔的中心线时，可以采用什么对刀方法？

5 – 10　当对刀点是两相互垂直直线的交点时，采用什么对刀方法？

5 – 11　对图 5 – 33 所示的零件进行数控加工工艺分析，拟定加工方案，选择合适的刀具，确定切削用量。

5 – 12　图 5 – 34 所示为盖板零件，该零件为铸造件（灰口铸铁），铣削上表面、最大外形轮廓，挖深度为 2.5mm 的凹槽，钻 8 个 $\phi5.5$ 和 5 个 $\phi6.5$ 的孔。公差按 IT10 级自由公差确定，加工表面粗糙度 $Ra \leqslant 6.3$。对零件所需加工部位进行数控加工工艺分析，拟订加工方案，选择合适的刀具，确定切削用量。

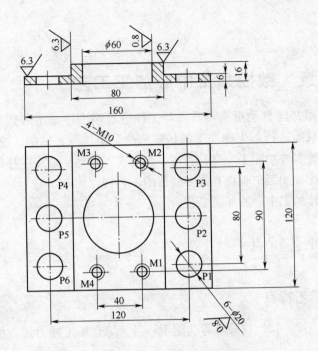

其余 ∜

精度：±0.02mm
材料：铸铁HT200

图 5 – 33　凸台零件

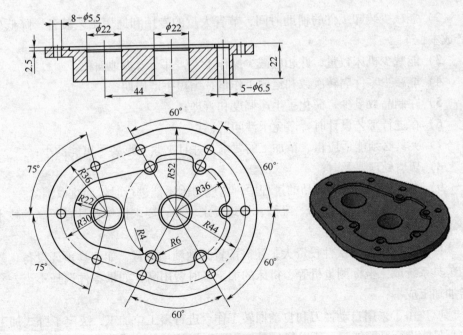

图 5 – 34　盖板零件图

第6章 数控加工中心加工工艺

加工中心是备有刀库并能自动更换刀具，对工件进行多工序加工的数控机床。它突破了一台机床只能进行单工种加工的传统概念，集铣削、钻削、铰削、镗削、攻螺纹和切螺纹等多种功能于一身，实行一次装夹，自动完成多工序的加工。与普通机床加工相比，加工中心具有许多显著的工艺特点。

本章将着重介绍数控加工中心的加工工艺。

6.1 加工中心的工艺特点

6.1.1 加工中心的工艺特点

加工中心集铣、钻、镗、铰、攻螺纹等功能于一身，综合加工能力强。显著的工艺特点有如下一些：

1）能减少工件的装夹次数，从而减少多次装夹带来的定位误差，提高加工精度；

2）能减少装卸工件的辅助时间，节省大量的专用和通用工艺装备，降低生产成本；

3）能减少机床数量，并相应减少操作工人，并节省占地面积；

4）能减少零件周转次数和运输工作量，缩短生产周期；

5）在制品数量少，简化了生产调度和管理；

6）在进行工艺设计时要避免干涉问题；

7）夹具必须能适应粗、精加工的要求，并且夹紧变形要尽可能的小；

8）切屑处理要及时；

9）在将毛坯加工为成品的过程中，内应力因不能进行时效而难以消除；

10）技术复杂，对使用、维修、管理要求较高，要求操作者具有较高的技术水平；

11）加工中心一次性投资大，还需配置其他辅助装置，如刀具预调设备、数控工具系统或三坐标测量机等，机床的加工工时费用高，如果零件选择不当，会增加加工成本；

12）由于采用自动换刀和自动回转工作台进行多工位加工，决定了卧式加工中心只能进行悬臂加工，所以应尽量使用刚性好的刀具，并解决刀具的振动和稳定性问题。另外，由于加工中心是通过自动换刀来实现工序或工步集中的，因此

142

受刀库、机械手的限制，刀具的直径、长度、重量一般都不允许超过机床说明书所规定的范围。

6.1.2 适应于加工中心的零件类型

加工中心适用于复杂、工序多、精度要求较高、需用多种类型普通机床和众多刀具、工装，经过多次装夹和调整才能完成加工的零件，其主要加工对象有以下几类。

（1）有平面和孔系类的零件

加工中心具有自动换刀装置，在一次安装中，可以完成零件上平面的铣削、孔系的钻、镗、铰、铣及攻螺纹等多工步加工；加工的部位可以在一个平面上，也可以不在一个平面上。因此，加工中心的首选加工对象是既有平面又有孔系的零件，如箱体类零件，盘、套、板类零件等。

1）箱体类零件 一般是指具有多个孔系，内部有型腔或空腔，在长、宽、高方向有一定的比例的零件，如图 6-1 所示。如汽车的发动机缸体、变速箱体、机床的床头箱、主轴箱以及齿轮泵壳体等。

箱体类零件一般都需要进行孔系、轮廓、平面的多工位加工，公差要求特别是形位公差要求较为严格，通常要经过铣、镗、钻、扩、铰、锪、攻丝等工序，使用的刀具、工装较多，在普通机床上需多次装夹、找正，测量次数多，导致工艺复杂，加工周期长、成本高，更重要的是精度难以保证。这类零件在加工中心上加工，一次装夹可以完成60%~95%的工序内容，零件各项精度一致性好，质量稳定，同时可缩短生产周期，降低生产成本。

当加工工位较多，工作台需多次旋转角度才能完成的零件时，一般选用卧式加工中心。当加工的工位较少，且跨距不大时，可选立式加工中心，从一端进行加工。

2）盘、套、板类零件 是指带有键槽或径向孔，或端面有分布孔系以及有曲面的盘套或轴类零件，如图 6-2 所示，如带法兰的轴套、带有键槽或方头的

图 6-1 箱体类零件

图 6-2 盘、套类零件

轴类零件等；具有较多孔加工的板类零件，如各种电机盖等。

端面有分布孔系，曲面的盘、套、板类零件宜选用立式加工中心，有径向孔的可选用卧式加工中心。

（2）复杂曲面类零件

对于由复杂曲线、曲面组成的零件，如凸轮类，叶轮类和模具类等零件，加工中心是加工这类零件的最有效的设备。

1）凸轮类　这类零件有各种曲线的盘形凸轮（如图6-3所示）、圆柱凸轮、圆锥凸轮和端面凸轮等，加工时，可根据凸轮表面的复杂程度，选用三轴、四轴或五轴联动的加工中心。

2）整体叶轮类　整体叶轮除具有一般曲面加工的特点外，还有许多特殊的加工难点，如通道狭窄，刀具很容易与加工表面和邻近曲面发生干涉。图6-4所示叶轮，它的叶面是一个典型的三维空间曲面，加工这样的型面，一般需采用四轴以上联动的加工中心。

图6-3　凸轮

图6-4　叶轮

3）模具类　常见的模具有锻压、铸造，注塑以及橡胶模具等。图6-5所示为连杆及其凹模。采用加工中心来加工模具，由于工序高度集中，动、静模等关键件的精加工基本上是在一次安装中完成全部机加内容，尺寸累积误差及修配工作量小。同时，模具的可复制性强，互换性好。

对于复杂曲面类零件，在不出现加工过切或加工盲区时，曲面部分一般选择用球头铣刀进行三坐标联动加工，加工精度较高，但效率较低。若工件存在加工过切或加工盲区（如整体叶轮等），就必须使用四坐标或五坐标联动机床。

（3）外形不规则零件

异形件大多数需要进行点、线、面多工位混合加工，如支架、基座、样板、靠模支架等，如图6-6所示。由于异形件的外形不规则，刚性一般较差，夹紧及切削变形难以控制，加工精度难以保证，因此在普通机床上只能采取工序分散的原则加工，需要用较多的工装，周期较长。这时可充分发挥加工中心工序集中，多工位点、线、面混合加工的特点，采用合理的工艺措施，一次或二次装夹，可完成大部分甚至全部加工内容。

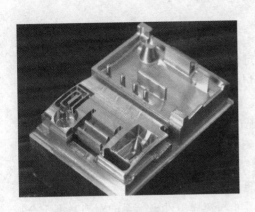

图 6 – 5　凹模

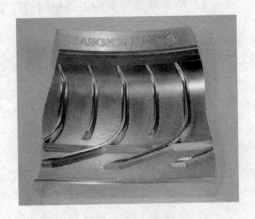

图 6 – 6　外形不规则零件

（4）周期性投产的零件

工时主要包括基本时间和准备时间。用加工中心加工零件时，准备时间占很大比例，如工艺准备、程序编制、首件试切等。这些时间往往是单件基本时间的几十倍，采用加工中心可以将这些准备时间的内容储存起来，供以后反复使用，这样可大大缩短周期性投产的零件的生产周期。

（5）加工精度要求较高的中小批量零件

针对加工中心加工精度高、尺寸稳定的特点，对加工精度要求较高的中小批量零件，选择加工中心加工，容易获得所要求的尺寸精度和形状位置精度，并可得到很好的互换性。

（6）新产品试制中的零件

在新产品定型之前，需经反复试验和改进。选择加工中心试制，可省去许多通用机床加工所需的试制工装。当零件被修改时，只需修改相应的程序及适当地调整夹具、刀具即可，节省了费用，缩短了试制周期。

6.2　加工中心加工工件的安装、对刀与换刀

6.2.1　加工中心加工工件的安装

6.2.1.1　加工中心加工定位基准选择

（1）加工中心加工选择定位基准的基本要求

同普通机床一样，在加工中心上加工时，零件的装夹仍然遵循六点定位原则。在选择定位基准时，要全面考虑各个工位的加工情况，满足三个要求：

145

1）所选基准应能保证工件定位准确，装卸方便、迅速，夹压可靠，夹具结构简单；

2）所选基准与各加工部位间的各个尺寸计算简单；

3）保证各项加工精度。

（2）选择定位基准应遵循的原则

1）尽量选择零件上的设计基准作为定位基准；

2）对定位基准与设计基准不能重合且加工面与其设计基准又不能在一次安装内同时加工的零件，应认真分析装配图纸，确定该零件设计基准的设计功能，通过尺寸链的计算，严格规定定位基准与设计基准间的公差范围，确保加工精度；

3）当无法同时完成包括设计基准在内的全部表面加工时，要考虑用所选基准定位后，通过一次装夹，完成全部关键精度部位的加工；

4）定位基准的选择要保证完成尽可能多的加工内容；

5）批量加工时，零件定位基准应尽可能与建立工件坐标系的对刀基准重合；

6）必须多次安装时应遵从基准统一原则。

6.2.1.2　加工中心夹具的确定

（1）对夹具的基本要求

加工中心加工时实际上一般只要求有简单的定位、夹紧机构，其设计原理与通用镗、铣床夹具是相同的。基本要求如下：

1）夹紧机构或其他元件不得干涉进给运动，加工部位要敞开。为保持工件在本工序中所有需要完成的待加工面充分暴露在外，夹具要做得尽可能开敞，因此要求夹紧工件后夹具上一些组成件（如定位块、压块和螺栓等）不能与刀具运动轨迹发生干涉。夹紧机构元件与加工面之间应保持一定的安全距离，夹紧机构元件能低则低，以防止与加工中心主轴套筒或刀套、刀具在加工过程中发生干涉。图6-7所示为零件用立铣刀铣削零件的六边形。若用压板机构压住工件的

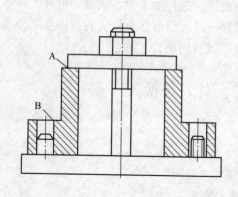
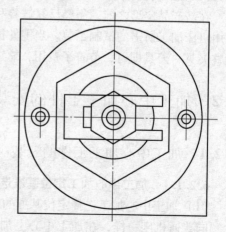

图6-7　不影响进给的装夹示例

A面，则压板易与铣刀发生干涉，若夹压B面，就不影响刀具进给。

当在卧式加工中心上对工件的四周进行加工时，若很难安排夹具的定位和夹紧装置，则可以通过减少加工表面来留出定位夹紧元件的空间。图6-8所示为一箱体零件，可利用其内部空间来安排夹紧机构，将其加工表面敞开。

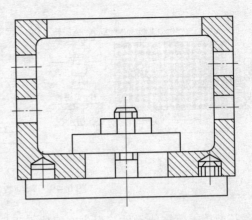

图6-8　敞开加工面的装夹示例

2）为保持零件安装方位与机床坐标系及编程坐标系方向的一致性，夹具应能保证在机床上实现定向安装，还要求能使零件定位面与机床之间保持一定的坐标联系。

3）夹具的刚性和稳定性要好。在考虑夹紧方案时，夹紧力应力求靠近主要支撑点，或在支撑点所组成的三角形内，并靠近切削部位及刚性好的地方，尽量不要在被加工孔的上方。零件在粗加工时，切削力大，需要夹紧力大，但又不能使零件发生变形，因此，必须慎重选择夹紧力的作用点，避免将夹紧力加在零件无支撑的区域。如采用这些措施后仍不能控制零件变形，只能将粗、精加工工序分开，或者在粗加工后编一个任选停止指令，松开压板，使工件消除变形后重新夹紧再继续进行精加工。当非要在加工过程中更换夹紧点不可时要特别注意不能因更换夹紧点而破坏夹具或工件定位精度。

4）装卸方便，辅助时间尽量短。由于加工中心效率高，装夹工件的辅助时间对加工效率影响较大，所以要求配套夹具在使用中也要装卸快捷、方便。

5）对小型零件或工序不长的零件，可以考虑多件同时加工，以提高加工效率。例如在加工中心工作台上安装一块与工作台大小一样的平板，如图6-9（a）所示，该平板既可作为大工件的基础板，也可作为多个小工件的公共基础板。又如在卧式加工中心分度工作台上安装一块如图6-9（b）所示的四周都可装夹多件工件的立方基础板，可依次加工装夹在各面上的工件。当一面在加工位置进行加工的同时，另三面都可装卸工件，因此能显著减少停机时间和换刀次数。

6）夹具结构应力求简单。由于零件在加工中心上加工大都采用工序集中原则，加工的部位较多，同时批量较小，零件更换周期短，夹具的标准化、通用化和自动化对加工效率的提高及加工费用的降低有很大影响。

7）减少更换夹具的准备时间。夹具应便于与机床工作台面的定位连接。加工中心工作台面上一般都有基准T形槽、定位孔；转台中心有定位孔；台面侧面

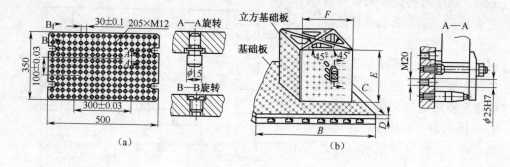

图 6-9　新型数控夹具元件

有基准挡板等定位元件。可先在机床上设置与夹具配合的定位元件，在组合夹具的基座上精确设计定位孔，以便与机床台面定位孔或槽对准来保证编程原点的位置。对于夹具定位件在机床上的安装方式，由于加工中心主要是加工批量不大的中、小批量零件，在机床工作台上会经常更换夹具，这样易磨损机床台面上的定位槽，且在槽中装卸定位件，也会占用较长的停机时间。为此，在机床上用槽定位的夹具，其定位元件常常不固定在夹具体上而固定在机床的工作台上，当夹具在机床上安装时，夹具体上有引导棱边的淬火套导向。固定方式一般用 T 形螺栓压板压紧。夹具上用于紧固的孔和槽的位置必须与工作台上的 T 形槽和孔的位置相一致。

（2）加工中心夹具选用的原则

1）在单件生产或产品研制时，应广泛采用通用夹具、组合夹具和可调整夹具，只有在通用夹具、组合夹具和可调整夹具无法解决工件装夹时才考虑采用其他夹具。

2）小批量或成批生产时可考虑采用简单专用夹具。

3）在生产批量较大时可考虑采用多工位夹具和高效气动、液压等专用夹具。

4）采用成组工艺时应使用成组夹具。

（3）确定零件在机床工作台上装夹时的最佳位置

在卧式加工中心上加工零件时，一般要进行多工位加工，这时要确定零件（包括夹具）在机床工作台上的最佳位置，该位置是考虑机床行程中各种干涉情况，优化匹配各部位刀具长度而确定的。如果考虑不周，将会造成机床超程，频繁更换刀具，影响加工精度，或反复试切而费工费时。

加工中心具有的自动换刀（ATC）功能决定了其最大的弱点为刀具悬臂式加工，因此，在进行多工位零件的加工时，应综合计算各加工表面到机床主轴端面的距离以选择最佳的刀辅具长度，提高工艺系统的刚性，从而保证加工精度。

当某一工位的加工部位距工作台回转中心的距离 Z 向为 L_{zi}（工作台移动式机床，向主轴移动 L_{zi} 为正、背离主轴移动 L_{zi} 为负）；机床主轴端面到工作台回转

中心的最小距离为 $Z_{\min}$，最大距离为 $Z_{\max}$；加工该部位的刀辅具长度（主轴端面与刀具端部之间的距离，即刀具长度补偿）为 H_i，则确定刀辅具长度时，应满足下式：

$$H_i > Z_{\min} - L_{zi} \tag{6-1}$$

$$H_i < Z_{\max} - L_{zi} \tag{6-2}$$

满足式（6-1）可以避免机床负向超程，满足式（6-2）可以避免机床正向超程。

在满足上述两式的情况下，多工位加工时工件应尽量居工作台中间部位；单工位加工（如图 6-10 所示件 1 加工 A 面上孔）或相邻两工位加工时（如图 6-10 中件 2 上 B、C 面加工）则将零件靠工作台一侧或一角安置，以减小刀具长度，提高系统刚性。此外，还应能方便准确地测量各工位工件坐标系原点的位置。

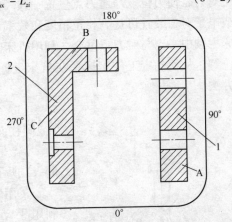

图 6-10　工件在工作台上的位置

6.2.2　加工中心加工的对刀与换刀

6.2.2.1　对刀点与换刀点的确定

（1）对刀点的确定

机床坐标系是机床出厂后已经确定的，工件在机床加工尺寸范围内的安装位置却是任意的，若确定工件在机床坐标系中的位置，就要靠对刀。简单地说，对刀就是告诉机床工件装夹在工作台的什么地方，这要通过确定对刀点在机床坐标系中的位置来实现。对刀点是工件在机床上定位（或找正）装夹后，用于确定工件坐标系在机床坐标系中位置的基准点。为保证正确加工，在编制程序时，应合理设置对刀点。有关加工中心对刀点选择的原则与数控车削对刀点选择的原则相同，读者可参考数控车削对刀点的选择。一般来说，加工中心对刀点应选在工件坐标系原点上，或至少与 X、Y 方向重合，这样有利于保证对刀精度，减少对刀误差。也可以将对刀点或对刀基准设在夹具定位元件上，这样可直接以定位元件为对刀基准对刀，有利于批量加工时工件坐标系位置的准确定位。

（2）换刀点的确定

在加工中心等使用多种刀具加工的机床上，加工过程中需要经常更换刀具，在编制程序时，就要考虑设置换刀点。换刀点的位置应按照换刀时刀具不碰到工件、夹具和机床的原则确定。一般加工中心的换刀点往往是固定的点。

6.2.2.2 对刀方法

加工中心对刀时一般以机床主轴轴线与端面的交点（主轴中心点）为刀位点。对刀的准确程度将直接影响加工精度，因此，对刀时一定要仔细，对刀精度一定要同零件加工精度要求相适应。当零件加工精度要求高时，可采用千分表找正对刀，使刀位点与对刀点位置一致。但是这种找正方法效率较低，而采用光学或电子对刀装置可提高找正精度和效率，无论采用哪种对刀方法，结果都是使机床主轴中心点与对刀点重合，利用机床的坐标显示确定对刀点在机床坐标系中的位置，从而确定工件坐标系在机床坐标系中的位置。下面介绍几种具体的对刀方法。

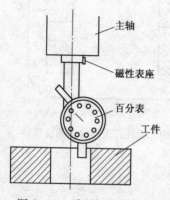

图 6-11 采用杠杆百分表
（或千分表）对刀

（1）工件坐标系原点（对刀点）为圆柱孔（或圆柱面）的中心线

1）采用杠杆百分表（或千分表）对刀，如图 6-11 所示，操作步骤为：

①用表座将杠杆百分表吸在机床主轴端面上并利用手动输入"M03　S5"指令，使主轴低速正转；

②手动操作使旋转的表头依 X、Y、Z 的顺序逐渐靠近孔壁（或圆柱面）；

③移动 Z 轴，使表头压住被测表面，指针转动约 0.1mm；

④逐步降低手动脉冲发生器的 X、Y 移动量，使表头旋转一周时，其指针的跳动量在允许的对刀误差内，如 0.02mm，此时可认为主轴的旋转中心与被测孔中心重合；

⑤记下此时机床坐标系中的 X、Y 坐标值。

此 X、Y 坐标值即为 G54 指令建立工件坐标系时的 X、Y 偏置值。若用 G92 建立工件坐标系，保持 X、Y 坐标不变，刀具沿 Z 轴移动到某一位置（该位置为程序起点，即对刀点），则指令形式为：（G92　X0　Y0　Z_γ，γ 值由 Z 向对刀保证。

这种操作方法比较麻烦，效率较低，但对刀精度较高，对被测孔的精度要求也较高，最好是经过铰或镗加工的孔，低精度孔不宜采用。

2）采用寻边器对刀　寻边器的工作原理如图 6-12 所示。光电式寻边器一般由柄部和触头组成，它们之间有一个固定的电位差。触头装在机床主轴上时，工作台上的工件（金属材料）与触头电位相同，当触头与工件表面接触时就形成回路电流，使内部电路产生光、电信号。这就是光电式寻边器的工作原理。其操作步骤为：

①取出寻边器装在主轴上并依 X、Y、Z 的顺序手动操作将寻边器测头靠近

被测孔，使其大致位于被测孔的中心上方；

②将测头下降至球心超过被测孔上表面的位置；

③沿 X（或 Y）方向缓慢移动测头直到测头接触到孔壁，指示灯亮，然后反向移动至指示灯灭；

④逐级降低移动量（0.1mm→0.01mm→0.001mm），移动测头直至指示灯亮，再反向移动至指示灯灭，最后使指示灯稳定发亮（此项操作的目的是获得准确的对刀精度）；

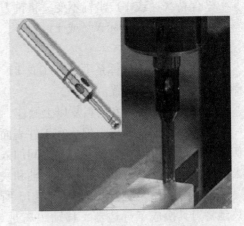

图 6-12 寻边器的工作原理

⑤把机床相对坐标 X（或 Y）置零，用最大移动量将测头向另一边孔壁移动，指示灯亮，然后反向移动至指示灯灭；

⑥重复操作第④项；

⑦记下此时机床相对坐标的 X（或 Y）值；

⑧将测头向孔中心方向移动到前一步骤记下 X（或 Y）坐标的一半处，即得被测孔中心的 X（或 Y）坐标；

⑨沿 Y（或 X）方向，重复以上操作，可得被测孔中心的 Y（或 X）坐标。这种方法操作简便、直观，对刀精度高，应用广泛，但被测孔应有较高的精度。

（2）工件坐标系原点（对刀点）为两相互垂直线的交点

1）采用碰刀（或试切）方式对刀 如果对刀精度要求不高，为方便操作，可以采用加工时所使用的刀具直接进行碰刀（或试切）对刀，如图 6-13 所示。其操作步骤为：

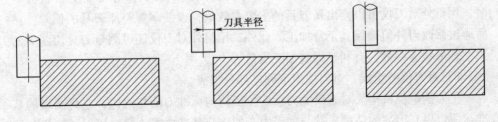

图 6-13 试切对刀

①将所用铣刀装到主轴上并使主轴中速旋转；

②手动移动铣刀沿 X（或 Y）方向靠近被测边，直到铣刀周刃轻微接触到工件表面，即听到刀刃与工件的摩擦声但没有切屑；

③保持 X（或 Y）坐标不变，将铣刀沿反向退离工件；

④将机床相对坐标 X（或 Y）置零，并沿 X（或 Y）向工件方向移动刀具半径距离；

⑤将此时机床坐标系下的 X（或 Y）值输入系统偏置寄存器中，该值就是被测边的 X（或 Y）偏置值；

⑥沿 Y（或 X）方向重复以上操作，可得被测边 Y（或 X）的偏置值。

这种方法比较简单，但会在工件表面留下痕迹，且对刀精度不高。为避免损伤工件表面，可以在工件和刀具之间加入塞尺进行对刀，但是应将塞尺的厚度减去。以此类推，还可以采用标准心轴和块规来对刀，如图 6-14 所示。

2）采用寻边器对刀　如图 6-15 所示，其操作步骤与采用刀具对刀相似，只是将刀具换成了寻边器，移动距离是寻边器触头的半径。因此，这种方法简单，对刀精度较高。

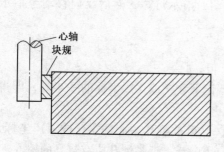

图 6-14　采用标准心轴和块规对刀

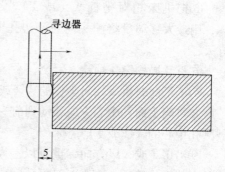

图 6-15　采用寻边器对刀

（3）机外对刀仪对刀

加工中心机外对刀仪示意图如图 6-16 所示。机外对刀仪用来测量刀具的长度、直径和刀具形状、角度。刀库中存放的刀具其主要参数都要有准确的值，这些参数值在编制加工程序时都要加以考虑。使用中因刀具损坏需要更换新刀具时，用机外对刀仪可以测出新刀具的主要参数值，以便掌握与原刀具的偏差，然后通过修改刀补值确保其正常加工。此外，用机外对刀仪还可测量刀具切削刃的角度和形状等参数，有利于提高加工质量。

1）对刀仪的组成　对刀仪由下列三部分组成。

①刀柄定位机构。对刀仪的刀柄定位机构与标准刀柄相对应，它是测量的基准，所以要有很高的精度，并与加工中心的定位基准要求一样，以保证测量与使用的一致性。定位机构包括：a. 回转精度很高的主轴；b. 使主轴回转的传动机构；c. 使主轴与刀具之间拉紧的预紧机构。

②测头与测量机构。测头有接触式和非接触式两种。接触式测头直接接触刀刃的主要测量点（最高点和最大外径点）；非接触式主要用光学的方法，把刀尖

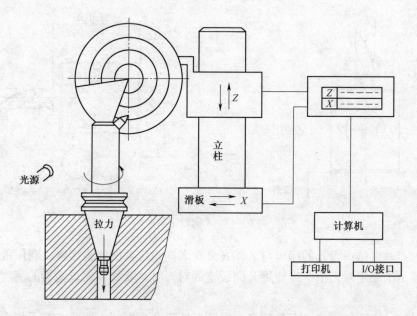

图 6 – 16　对刀仪示意图

投影到光屏上进行测量。测量机构提供刀刃的切削点处的 Z 轴和 X 轴（半径）尺寸值，即刀具的轴向尺寸和径向尺寸。测量的读数有机械式（如游标刻线尺），也有数显或光学的。

③测量数据处理装置。该装置可以把刀具的测量值自动打印出来，或与上一级管理计算机联网，进行柔性加工，实现自动修正和补偿。

2）使用对刀仪应注意的问题

①使用前要用标准对刀心轴进行校准。每台对刀仪都随机带有一件标准的对刀心轴。要妥善保护使其不锈蚀和受外力变形。每次使用前要对 Z 轴和 X 轴尺寸进行校准和标定。

②静态测量的刀具尺寸和实际加工出的尺寸之间有一差值。影响这一差值的因素很多，主要有：a. 刀具和机床的精度和刚度；b. 加工工件的材料和状况；c. 冷却状况和冷却介质的性质；d. 使用对刀仪的技巧熟练程度等。由于以上原因，静态测量的刀具尺寸应大于加工后孔的实际尺寸，因此对刀时要考虑一个修正量，这要由操作者的经验来预选，一般要偏大 $0.01 \sim 0.05\text{mm}$。

（4）刀具 Z 向对刀

刀具 Z 向对刀数据与刀具在刀柄上的装夹长度及工件坐标系的 Z 向零点位置有关，它确定工件坐标系的零点在机床坐标系中的位置。可以采用刀具直接碰刀对刀，也可利用如图 6 – 17 所示的 Z 向设定器进行精确对刀，其工作原理与寻边器相同。

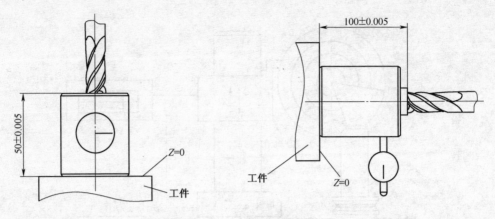

图 6 – 17　Z 向设定器

对刀时也是将刀具的端刃与工件表面或 Z 向设定器的测头接触，利用机床坐标的显示来确定对刀值。当使用 Z 向设定器对刀时，要将 Z 向设定器的高度考虑进去。

另外，由于加工中心刀具较多，每把刀具到 Z 坐标零点的距离都不相同，这些距离的差值就是刀具的长度补偿值，因此需要在机床上或专用对刀仪上测量每把刀具的长度（即刀具预调），并记录在刀具明细表中，供机床操作人员使用。

加工中心的 Z 向对刀一般有两种方法：

1）机上对刀　这种方法是采用 Z 向设定器依次确定每把刀具与工件在机床坐标系中的相互位置关系，其操作步骤如下：

①依次将刀具装在主轴上，利用 Z 向设定器确定每把刀具到工件坐标系 Z 向零点的距离，如图 6 – 18 所示的 A、B、C，并记录下来；

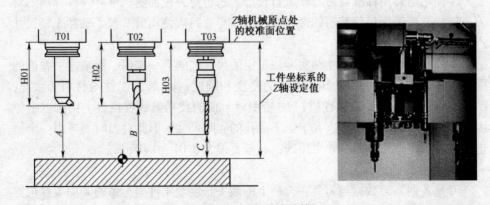

图 6 – 18　刀具长度补偿

②找出其中最长（或最短）、到工件距离最小（或最大）的刀具，如图中的 T03（或 T01），将其对刀值 C（或 A）作为工件坐标系的 Z 值，此时 T03 = 0；

③确定其他刀具的长度补偿值，即 T01 = ± | $C - A$ | ，T02 = ± | $C - B$ | ，正负号由程序中的 G43 或 G44 来确定。

这种方法对刀效率和精度较高，投资少；但工艺文件编写不便，对生产组织有一定影响。

2）机外刀具预调 + 机上对刀　这种方法是先在机床外利用刀具预调仪精确测量每把刀具的轴向和径向尺寸，确定每把刀具的长度补偿值，然后在机床上以主轴轴线与主轴前端面的交点（主轴中心）进行 Z 向对刀，确定工件坐标系。这种方法对刀精度和效率高，便于工艺文件的编写及生产组织，但投资较大。

6.3　加工中心加工工艺制定

6.3.1　零件的工艺分析

零件的工艺分析是制定加工中心加工工艺的首要工作。其任务是分析零件技术要求，检查零件图的完整性和正确性；分析零件的结构工艺性；选择加工中心加工内容等。

（1）分析零件技术要求

1）各加工表面的尺寸精度要求；

2）各加工表面的几何形状精度要求；

3）各加工表面之间的相互位置精度要求；

4）各加工表面粗糙度要求以及表面质量方面的其他要求；

5）热处理要求以及其他要求。

首先，须根据零件在产品中的功能，分析零件与部件或产品的关系，从而认识零件的加工质量对整个产品质量的影响，并确定零件的关键加工部位和精度要求较高的加工表面等。认真分析上述各精度和技术要求是否合理，其次要考虑在加工中心上加工能否保证零件的各项精度和技术要求，再具体考虑选择哪种加工中心来进行加工。

（2）检查零件图的完整性和正确性

一方面要检查零件图是否正确，尺寸、公差和技术要求是否标注齐全；另一方面要特别注意准备在加工中心上加工的零件，其各个方向上的尺寸是否有一个统一的设计基准，从而简化编程，保证零件图的设计精度要求。当工件已确定在加工中心上加工后，如发现零件图中没有统一的设计基准，则应向设计部门提出，要求修改图纸或考虑选择统一的工艺基准，计算转化各尺寸，并标注在工艺附图上。

（3）分析零件结构的工艺性

加工中心上加工的零件的结构工艺性应具备以下几点要求：

1）零件的加工余量要小，以便减少加工中心的加工时间，降低零件加工成本；

2）零件上光孔和螺纹的尺寸规格尽可能少，减少加工时钻头、铰刀及丝锥等刀具的数量，以防刀库容量不够；

3）零件尺寸规格尽量标准化，以便采用标准刀具；

4）零件加工表面应具有加工的可能性和方便性；

5）零件结构应具有足够的刚性，以减少夹紧变形和切削变形。

（4）加工中心加工内容的选择

加工中心加工内容选择是指选择零件适合加工中心加工的表面。这种表面有如下几种：

1）用数学模型描述的复杂曲线或曲面；

2）难测量、难控制进给、难控制尺寸的不开敞内腔的表面；

3）尺寸精度要求较高的表面；

4）零件上不同类型表面之间有较高的位置精度要求，更换机床加工时很难保证位置精度要求，必须在一次装夹中集中完成铣、镗、锪、铰或攻丝等多工序的表面；

5）镜像对称加工的表面等。

对于上述表面，我们可以先不要过多地去考虑生产率与经济上是否合理，而首先应考虑能不能把它们加工出来，要着重考虑可能性问题。只要有可能，都应把加工中心加工作为优选方案。

由于加工中心的台时费用高，在考虑工序负荷时，不仅要考虑机床加工的可能性，还要考虑加工的经济性。例如，用加工中心可以进行复杂的曲面加工，但如果企业数控机床类型较多，有多坐标联动的数控铣床，则在加工复杂的成形表面时，应优先选择数控铣床。因有些成形表面加工时间很长，刀具单一，在加工中心上加工并不是最佳选择，这要视企业拥有的数控设备类型、功能及加工能力，具体分析决定。

6.3.2 加工中心的选用

一般来说，规格相近的加工中心，卧式加工中心的价格要比立式加工中心贵50%～100%。因此，从经济性角度考虑，完成同样工艺内容，宜选用立式加工中心；当立式加工中心不能满足加工要求时才选卧式加工中心。

6.3.2.1 选型程序

正确、全面地认识加工中心是选型订货的基础，要对加工中心的性能、特征、类型、主要参数、功能、适用范围、不足等有全面、详尽了解和掌握。在充分认识的基础上，可按下述程序进行。

（1）正确选择加工对象

在企业生产的众多零件中选择典型加工对象，即零件族选择。加工中心适宜于多品种、小批量生产。批量的形成不仅按零件的几何尺寸和数量来决定，还应考虑工艺的成组性。采用成组技术，可以有效地增加相似零件的加工批量，以接近大批量生产的效率和效益，实现中、小批量的生产。零件族选择的是否合适，对充分发挥投资效益有着十分重要的影响。

（2）制订工艺方案

对确定的零件族的典型零件（主样件）进行工艺分析，制定工艺方案。选择规格、精度、功能符合要求的机床，并考虑企业今后的发展，决定是否需要功能预留。同时，加工中心的加工工时费用高，在考虑工序负荷时，不仅要考虑机床加工的可能性，还要考虑加工的经济性。

6.3.2.2　加工中心类型的选用

1）立式加工中心适用于只需单工位加工的零件，如各种平面凸轮、端盖、箱盖等板类零件和跨距较小的箱体等。

2）卧式加工中心适用于加工两工位以上的工件或在四周呈径向辐射状排列的孔系、面等。

3）当工件的位置精度要求较高，如箱体、阀体、泵体等宜采用卧式加工中心，若采用卧式加工中心在一次装夹中不能完成多工位加工以保证位置精度要求时，则可选择五轴加工中心。

4）当工件尺寸较大，一般立柱式加工中心的工作范围不足时，应选用龙门式加工中心，如加工机床床身、立柱等。

当然，上述各点也不是绝对的。如果企业不具备各种类型的加工中心，则应从如何保证工件的加工质量出发，灵活地选用设备类型。

6.3.2.3　选型内容

（1）类型选择

考虑加工工艺、设备的最佳加工对象、范围和价格等因素，根据所选零件族进行选择。如加工两面以上的工件或在四周呈径向辐射状排列的孔系、面的加工，如各种箱体，应选卧式加工中心；单面加工的工件，如各种板类零件等，宜选立式加工中心；加工复杂曲面时，如导风轮、发动机上的整体叶轮等，可选五轴加工中心；工件的位置精度要求较高，采用卧式加工中心。在一次装夹中需完成多面加工时，可选择五面加工中心；当工件尺寸较大时，如机床床身、立柱等，可选龙门式加工中心。当然上述各点不是绝对的，特别是数控机床正朝着复合化方向发展，最终还是要在工艺要求和资金平衡的条件下做出决定。

（2）参数选择

根据确定的零件族的典型零件的结构尺寸与加工要求，加工中心参数选择内容包括：坐标轴的行程、主轴电动机功率与转矩、主轴转速与进给速度以及工作台的尺寸。

坐标行程以卧式加工中心为例，主轴端面到工作台中心距离的最大值为

Z_{max}、最小值为 Z_{min}；主轴中心至工作台台面距离的最大值为 Y_{max}、最小值为 Y_{min}。在加工中心上加工的零件，其各加工部位必须在机床各向行程的最大值与最小值之间，即零件通过夹具安装在工作台上后，在各加工部位，刀具的轴向中心线距工作台面的距离不得小于 Y_{min}，也不得大于 Y_{max}。否则将引起 Y 向超程。其他方向也一样。加工中心工作台台面尺寸与 X、Y、Z 三坐标行程有一定的比例，如工作台台面为 500mm × 500mm，则 X、Y、Z 坐标行程分别为 700 ~ 800mm、550 ~ 700mm、500 ~ 600mm。若工件尺寸大于坐标行程，则加工区域必须在坐标行程以内。另外，工件和夹具的总重量不能大于工作台的额定负载，工件移动轨迹不能与机床防护罩干涉，更换刀具时，不得与工件相碰等。

主轴电动机功率反映了机床的切削效率和切削刚性。加工中心一般都配置功率较大的交流或直流调速电动机，调速范围较宽，可满足高速切削的要求。但在用大直径盘铣刀铣削平面和粗镗大孔时，转速较低，输出功率较小，扭矩受限制。因此，必须对低速转矩进行校核。

（3）精度选择

机床的精度等级主要根据典型零件关键部位精度来确定。主要是定位精度、重复定位精度、铣圆精度，如表 6 - 1 所示。数控加工中心精度通常用定位精度和重复定位精度来衡量。

表 6 - 1　　　　　　　　　　　　加工中心精度主要项目

精度项目	普通型	精密型
单轴定位精度/mm	±0.01/300 或全长	0.005/全长
单轴重复定位精度/mm	±0.006	±0.003
铣圆精度/mm	0.03 ~ 0.04	0.02

机床精度对加工质量有举足轻重的影响。但加工精度与机床精度是两个不同的概念。样本或合格证上标明的位置精度是机床本身的精度，而加工精度是包括机床本身所允许误差在内的整个工艺系统各种因素所产生的误差总和。整个工艺系统的误差，原因是很复杂的，很难用线性关系定量表达。

（4）机床的刚度

刚度直接影响到生产率和加工精度。加工中心的加工速度很大，电动机功率也很高，因此其结构的刚度也要求很高。用户在选型时，综合自己的使用要求，对机床主参数和精度的选择都包含了对机床刚性要求的含义。订货时可按工艺要求、允许的扭矩、功率、轴力和进给力最大值，根据制造商提供的数值进行验算。

（5）数控系统选择

数控功能分为基本功能与选择功能，可以从控制方式、驱动形式、反馈形式、检测与测量、用户功能、操作方式、接口形式和诊断等方面去衡量。基本功能是必然提供的，而选择功能只有当用户选择了这些功能后，厂家才会提供，需另行加价，且定价一般较高。对数控系统的功能一定要根据机床的性能需要来选择，订购时既要把需要的功能订全，不能遗漏，同时避免使用率不高造成浪费，还需注意各功能之间的关联性。多台机床选型时，尽可能选用同一厂家的数控系统，这样操作、编程、维修都比较方便。

（6）坐标轴数和联动轴数

坐标轴数和联动轴数均应满足典型工件加工要求。一般坐标轴的数量也是机床档次的一个标志。一般情况下，同厂家、同规格、同等精度的机床，增加一个标准坐标轴，价格约增加35%左右。

（7）回转坐标功能选择

卧式加工中心有回转工作台。回转工作台有分度回转工作台和数控回转工作台两种。用于分度的回转工作台的分度定位间距有一定的限制，而且工作台只起分度与定位作用，在回转过程中不能参与切削。分度角有：0.5°×720、1°×360、3°×120和5°×72等，须根据具体工件的加工要求选择。数控转台能够实现任意分度，作为B轴与其他轴联动控制。立式加工中心也可配置数控分度头。

（8）自动换刀装置（ATC）和刀库容量

刀库容量以满足一个复杂加工零件对刀具的需要为原则。应根据典型工件的工艺分析算出加工零件所需的全部刀具数，由此来选择刀库容量。当要求的数量太大时，可适当分解工序，将一个工件分解为两个、三个工序加工，以减小刀库容量。选择ATC时主要考虑换刀时间与可靠性。换刀时间短可提高生产率，但换刀时间短，一般换刀装置结构复杂、故障率高、成本高。

（9）冷却方式

冷却装置形式较多，部分带有全防护罩的加工中心配有大流量的淋浴式冷却装置，有的配有刀具内冷装置，部分加工中心上述多种冷却方式均配置。精度较高、特殊材料或加工余量较大的零件，在加工过程中，必须充分冷却。否则将引起热变形，从而影响精度和生产效率。

（10）自动交换工作台选择

为了提高机床利用率，可选择交换工作台，以便机床正常工作时，仍可在交换工作台上安装工件。

（11）配备必要的附件、刀具

为了充分发挥机床的作用，在选型订货时还应选用一些选择功能、选择件及附件。慎重选择刀柄和刀具是保证机床正常运行的关键。配备性能良好的刀具，是降低成本，获得最大综合经济效益的关键措施之一。但刀柄和刀具的需要量大，占设备投资的比例很大，有时甚至超过设备本身的投资。因此，最佳的选择办法还是根据典型工件所需的品种和数量确定，并在使用中陆续添置。配备刀柄时，要注意机床主轴孔的标准、拉钉标准和机械手夹持部位的标准。并且还要考虑不同机床之间刀具的通用性，在订货时，应尽量减少加工中心的种类和型式。这样既可资源共享，降低刀具的投资，也便于管理。

（12）刀具预调仪（对刀仪）的选择

刀具预调仪是用来调整或测量刀具尺寸的，见图 6-19。刀具预调仪结构有许多种，其对刀精度有：轴向 0.01~0.1mm，径向 0.005~0.01mm。从结构上来讲，有直接接触式测量和光屏投影放大测量两种。读数方法也各不相同，有的用圆盘刻度或游标读数，有的则用光学读数头或数字显示器等。

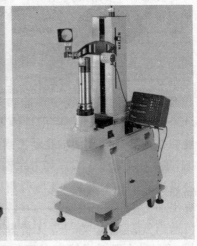

图 6-19　刀具预调仪

选择刀具预调仪必须根据零件加工精度来考虑。预调仪测得的刀具尺寸是在没有承受切削力的静态下测得的，与加工后的实际尺寸不一定相同。例如国产镗刀刀柄加工之后的孔径要比预调仪上尺寸小 0.01~0.02mm。加工过程中要经过试切后现场调整刀具。为了提高刀具预调仪的利用率，多台机床可共用一台刀具预调仪。

总之，在选择具体加工中心时，工艺人员应对机床性能、主要参数等有较为详尽的了解。

6.3.2.4　选择加工中心时需注意的问题

虽然加工中心可进行钻、铣、镗等多种加工，但是在具体选择时，还应根据需要考虑机床功能是否适应。要注意以下几点：

1）复杂曲线加工时，要考虑 CNC 是否有所需要的曲线插补功能，或选择什么方式逼近加工曲线并保证要求的表面粗糙度。

2）三维加工时，要考虑选择适合的刀具结构，还要考虑程序编制的能力。有的还必须配备自动编程装置或后置处理编程装置。

3）需要进行螺纹切削时（非攻丝方式），不仅要看是否有螺旋线插补功能和主轴转动与进给同步功能，还要考虑机床是否有径向进给装置、是否有主轴在旋转方向上任意角度位置准确定位功能。否则，仅在数控系统中用了螺纹切削功能仍然无法进行螺纹切削。

4）非成形加工方式的锥孔加工时，机床要具有三坐标联动功能或刀具要有径向进给功能。

5）采用铰、浮动镗和挤压加工等特种加工时，既要考虑适宜自动换刀的条件，又要考虑选择合适的刀具结构和切削用量。

6）如果企业有应用 DNC、FMS、CIMS 的规划，或要进行网络制造，要注意通信功能，选择具有 RS－232C、甚至 MAP 网络通信接口的系统。

7）除此之外，还要了解生产厂家或代理商的技术服务水平，注意供货商是否具有良好的技术服务能力。

8）机床的噪声和造型在选择机床时也是需要关心的问题之一。目前声音品质也被列为评价机床质量的标准之一。不少机床不但控制噪声等级，而且对杂音控制也提出了要求，即机床运转时，除噪声等级不允许超标外，还不应该有不悦耳杂音产生。机床造型也可以统称为机床的观感质量，机床造型技术是人机工程学在机床行业的实际应用。机床造型对工业安全、人体卫生和生产效率产生着潜在的，但又非常重要的影响。选型时要把机床造型作为一项要求内容。

6.3.3 加工中心加工零件工艺路线的拟订

（1）加工方法的选择

在加工中心上可以完成平面、平面轮廓、曲面、曲面轮廓、孔和螺纹等加工，所选加工方法要与零件的表面特征、所要达到的精度及表面粗糙度相适应。

平面、平面轮廓及曲面在镗铣类加工中心上采用铣削方式加工。粗铣平面，其尺寸精度可达 IT12～IT14 级，表面粗糙度 Ra 值可达 $12.5～50\mu m$。粗、精铣平面，其尺寸精度可达 IT7～IT9 级，表面粗糙度 Ra 值可达 $1.6～3.2\mu m$。

孔加工方法比较多，有钻削、扩削、铰削和镗削等。大直径孔还可采用圆弧插补方式进行铣削加工。对于直径大于 $\phi30mm$ 的已铸出或锻出毛坯孔的孔加工，一般采用粗镗→半精镗→孔口倒角→精镗加工方案；孔径较大时可采用立铣刀粗铣→精铣加工方案。有空刀槽时可用锯片铣刀在半精镗之后、精镗之前铣削完成，也可用镗刀进行单刀镗削，但镗削效率低。

对于直径小于 $\phi30mm$ 的无毛坯孔的孔加工，通常采用锪平端面→打中心孔→钻→扩→孔口倒角→铰孔加工方案；有同轴度要求的小孔，须采用锪平端面→打中心孔→钻→半精镗→孔口倒角→精镗（或铰）加工方案。为提高孔的位置精度，在钻孔工步前需安排锪平端面和打中心孔工步。孔口倒角安排在半精加工之后、精加工之前，以防产生毛刺。

螺纹加工根据孔径大小，一般情况下，直径在 M6 ~ M20 的螺纹，通常采用攻螺纹方法加工。直径在 M6 以下的螺纹，在加工中心上完成底孔加工，通过其他手段攻螺纹。因为在加工中心上攻螺纹不能随机控制加工状态，小直径丝锥容易折断。直径在 M20 以上的螺纹，可采用镗削加工。

（2）加工阶段的划分

一般情况下，在加工中心上加工的零件已在其他机床上经过粗加工，加工中心只是完成最后的精加工，所以不必划分加工阶段。但对加工质量要求较高的零件，若其主要表面在上加工中心加工之前没有经过粗加工，则应尽量将粗、精加工分开进行。使零件在粗加工后有一段自然时效过程，以消除残余应力和恢复切削力、夹紧力引起的弹性变形、切削热引起的热变形，必要时还可以安装人工时效处理，最后通过精加工消除各种变形。

对加工精度要求不高，而毛坯质量较高、加工余量不大、生产批量很小的零件或新产品试制中的零件，利用加工中心良好的冷却系统，可把粗、精加工合并进行。但粗、精加工应划分成两道工序分别完成。粗加工用较大的夹紧力，精加工用较小的夹紧力。

（3）加工工序的划分

加工中心通常按工序集中原则划分加工工序，主要从精度和效率两方面考虑。

（4）加工顺序的安排

理想的加工工艺不仅应保证加工出图纸要求的合格工件，同时应能使加工中心机床的功能得到合理应用与充分发挥。安排加工顺序时，主要遵循以下几方面原则。

1）同一加工表面按粗加工、半精加工、精加工次序完成，或全面加工表面按先粗加工，然后半精加工、精加工分开进行。加工尺寸公差要求较高时，考虑零件尺寸、精度、零件刚性和变形等因素，可采用前者；加工位置公差要求较高时，采用后者。

2）对于既要铣面又要镗孔的零件，如各种发动机箱体，应先铣面后镗孔，这样可以提高孔的加工精度。铣削时，切削力较大，工件易发生变形。先铣面后镗孔，使其有一段时间的恢复，可减少变形对孔的精度的影响。反之，如果先镗孔后铣面，则铣削时，必然在孔口产生飞边、毛刺，从而破坏孔的精度。

3）相同工位集中加工，应尽量就近位置加工，以缩短刀具移动距离，减少空运行时间。

4）某些机床工作台回转时间比换刀时间短，在不影响精度的前提下，为了减少换刀次数，减少空行程，减少不必要的定位误差，可以采取刀具集中工序。

也就是用同一把刀把零件上相同的部位都加工完，再换第二把刀。

5）考虑到加工中存在着重复定位误差，对于同轴度要求很高的孔系，就不能采取刀具集中原则，应该在一次定位后，通过顺序连续换刀，顺序连续加工完该同轴孔系的全部孔后，再加工其他坐标位置孔，以提高孔系同轴度。

6）在一次定位装夹中，尽可能完成所有能够加工的表面。

实际生产中，应根据具体情况，综合运用以上原则，从而制定出较完善，合理的加工顺序。

（5）加工路线的确定

加工中心上刀具的进给路线包括孔加工进给路线和铣削加工进给路线。

1）孔加工进给路线的确定　孔加工时，一般是先将刀具在 XOY 平面内快速定位到孔中心线的位置上，然后再沿 Z 向（轴向）运动进行加工。

刀具在 XOY 平面内的运动为点位运动，确定其进给路线时重点考虑：①定位迅速，空行程路线要短；②定位准确，避免机械进给系统反向间隙对孔位置精度的影响；③当定位迅速与定位准确不能同时满足时，若按最短进给路线进给能保证定位精度，则取最短路线。反之，应取能保证定位准确的路线。

刀具在 Z 向的进给路线分为快速移动进给路线和工作进给路线。如图 4 – 20 所示，刀具先从初始平面快速移动到 R 平面（距工件加工表面一切入距离的平面）上，然后按工作进给速度加工。图 6 – 20（a）所示为单孔加工时的进给路线。对多孔加工，为减少刀具空行程进给时间，加工后续孔时，刀具只要退回到 R 平面即可，如图 6 – 20（b）。

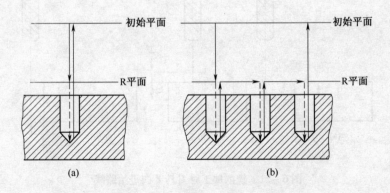

图 6 – 20　孔加工时刀具 Z 向进给路线示例

（实线为快速移动路线，虚线为工作进给路线）

R 平面距工件表面的距离称为切入距离。加工通孔时，为保证全部孔深都加工到，应使刀具伸出工件底面一段距离（切出距离）。切入切出距离的大小与工件表面状况和加工方式有关，可参考表 6 – 2 选取，一般可取 2 ~ 5mm。

表6-2　　　　　　　　刀具切入切出距离参考值　　　　　　单位：mm

加工方式＼表面状态	已加工表面	毛坯表面	加工方式＼表面状态	已加工表面	毛坯表面
钻孔	2 ~ 3	5 ~ 8	钻孔	3 ~ 5	5 ~ 8
扩孔	3 ~ 5	5 ~ 8	扩孔	3 ~ 5	5 ~ 10
镗孔	3 ~ 5	5 ~ 8	镗孔	5 ~ 10	5 ~ 10

2）铣削加工进给路线的确定　铣削加工进给路线包括切削进给和 Z 向快速移动进给两种进给路线。加工中心是在数控铣床的基础上发展起来的，其加工工艺仍以数控铣削加工为基础，因此铣削加工进给路线的选择原则对加工中心同样适用，此处不再重复。Z 向快速移动进给常采用下列进给路线。

①铣削开口不通槽时，铣刀在 Z 向可直接快速移动到位，不需工作进给，见图6-21（a）。

②铣削封闭槽（如键槽）时，铣刀需要有一切入距离 Z_a，先快速移动到距工件加工表面切入距离 Z_a 的位置上（R平面），然后以工作进给速度进给至铣削深度 H，见图6-21（b）。

③铣削轮廓及通槽时，铣刀应有一段切出距离 Z_0，可直接快速移动到距工件表面 Z_0 处，见图6-21（c）。

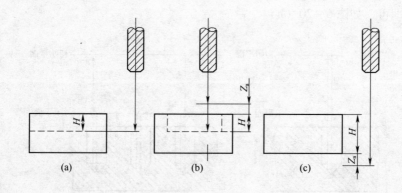

(a)　　　　　　　　　(b)　　　　　　　　　(c)

图6-21　铣削加工时刀具 Z 向进给路线

6.3.4　加工中心加工工序的设计

6.3.4.1　加工余量、工序尺寸及公差的确定

（1）加工余量的确定

加工余量的大小，对零件的加工质量、生产效率以及经济性均有较大影响。

正确规定加工余量的数值，是制定工艺规程的重要任务之一，特别是对加工中心，所有刀具的尺寸都是按各工步加工余量调整的，选好加工余量就显得尤为重要。余量过小，会由于上道工序与加工中心工序的安装找正误差，不能保证切去金属表面的缺陷层而产生废品，有时会使刀具处于恶劣的工作条件，例如，切削很硬的夹砂外皮，会导致刀具迅速磨损等。如果加工余量过大，则浪费工时，增加工具损耗，浪费金属材料。

确定加工余量的基本原则是在保证加工质量的前提下，尽量减少加工余量。最小加工余量的数值，应保证能将具有各种缺陷和误差的金属层切去，从而提高加工边面的质量和精度。一般地，最小加工余量的大小由表面粗糙度（Ra）、表面缺陷深度（T_a）、空间偏差（ρ_a）、表面几何形状误差、装夹误差（ΔZ_j）等因素决定。

在具体确定工序间的加工余量时应根据下列条件选择大小：

①对最后的工序，加工余量应能保证得到图纸上规定的表面粗糙度和精度要求；

②考虑加工方法、设备的刚性以及零件可能发生的变形；

③考虑零件热处理引起的变形；

④考虑被加工零件的大小，零件越大，由于切削力、内应力引起的变形也会增加，因此要求加工余量也相应的大一些。

确定工序间加工余量的原则、数据等在有关出版物中已刊出很多，但是在应用时都须结合本单位工艺条件先试用，后得出结论。因为这些数据常常是在机床刚性、刀具、工件材料等理想状况下确定的。

表6－3、表6－4列出了IT7、IT8级孔的加工方式及其工序间的加工余量，供参考。

表6－3		在实体材料上的孔加工方式及加工余量					单位：mm	
加工孔的直径	直　径							
	钻		粗加工		半精加工		精加工	
	第一次	第二次	粗镗	扩孔	粗铰	半精镗	精铰	精镗
3	2.9						3	
4	3.9						4	
5	4.8						5	
6	5.0			5.85			6	
8	7.0			7.85			8	
10	9.0			9.85			10	

续表

加工孔的直径	直 径							
	钻		粗加工		半精加工		精加工	
	第一次	第二次	粗镗	扩孔	粗铰	半精镗	精铰	精镗
12	11.0			11.85	11.95		12	
13	12.0			12.85	12.95		13	
14	13.0			13.85	13.95		14	
15	14.0			14.85	14.95		15	
16	15.0			15.85	15.95		16	
18	17.0			17.85	17.95		18	
20	18.0		19.8	19.8	19.95	19.90	20	20
22	20.0		21.8	21.8	21.95	21.90	22	22
24	22.0		23.8	23.8	23.95	23.90	24	24
25	23.0		24.8	24.8	24.95	24.90	25	25
26	24.0		25.8	25.8	25.95	35.90	26	26
28	26.0		27.8	27.8	27.95	27.90	28	28
30	28.0		29.8	29.8	29.95	39.90	30	30
32	30.0		31.7	31.75	31.93	31.90	32	32
35	33.0		34.7	34.75	34.93	34.90	35	35
38	36.0		37.7	37.75	37.93	37.90	38	38
40	38.0		39.7	39.75	39.93	39.90	40	40
42	40.0		41.7	41.75	41.93	41.90	42	42
45	43.0		44.7	44.75	44.93	44.90	45	45
48	46.0		47.7	47.75	47.93	47.90	48	48
50	48.0		49.7	49.75	49.93	49.90	50	50

表 6 - 4　　　　　　　已预先铸出或热冲出孔的工序间加工余量　　　　　单位：mm

加工孔的直径	直径					加工孔的直径	直径				
	粗镗		半精镗	粗铰或二次半精镗	精铰精镗成 H7、H8		粗镗		半精镗	粗铰或二次半精镗	精铰精镗成 H7、H8
	第一次	第二次					第一次	第二次			
30		28.0	29.8	29.93	30	100	95	98.0	99.3	99.85	100
32		30.0	31.7	31.93	32	105	100	103.0	104.3	104.8	105
35		33.0	34.7	34.93	35	110	105	108.0	109.3	109.8	110
38		36.0	37.7	37.93	38	115	110	113.0	114.3	114.8	115
40		38.0	39.7	39.93	40	120	115	118.0	119.3	119.8	120
42		40.0	41.7	41.93	42	125	120	123.0	124.3	124.8	125
45		43.0	44.7	44.93	45	130	125	128.0	129.3	129.8	130
48		46.0	47.7	47.93	48	135	130	133.0	134.3	134.8	135
50	45	48.0	49.7	49.93	50	140	135	138.0	139.3	139.8	140
52	47	50.0	51.5	51.93	52	145	140	143.0	144.3	144.8	145
55	51	53.0	54.5	54.93	55	150	145	148.0	149.3	149.8	150
58	54	56.0	57.5	57.92	58	155	150	153.0	154.3	154.8	155
60	56	58.0	59.5	59.92	60	160	155	158.0	159.3	159.8	160
62	58	60.0	61.5	61.92	62	165	160	163.0	164.3	164.8	165
65	61	63.0	64.5	64.92	65	170	165	168.0	169.3	169.8	170
68	64	66.0	67.5	67.90	68	175	170	173.0	174.3	174.8	175
70	66	68.0	69.5	69.90	70	180	175	178.0	179.3	179.8	180
72	68	70.0	71.5	71.90	72	185	180	183.0	184.3	184.8	185
75	71	73.0	74.5	74.90	75	190	185	188.0	189.3	189.8	190
78	74	76.0	77.5	77.90	78	195	190	193.0	194.3	194.8	195
80	75	78.0	79.5	79.90	80	200	194	197.0	199.3	199.8	200
82	77	80.0	81.3	81.85	82	210	204	207.0	209.3	509.8	510
85	80	83.0	84.3	84.85	85	220	214	217.0	219.3	219.8	220
88	83	86.0	87.3	87.85	88	250	244	247.0	249.3	249.8	250
90	85	88.0	89.3	89.85	90	280	274	277.0	279.3	279.8	280
92	87	90.0	91.3	91.85	92	300	294	297.0	299.3	299.8	300
95	90	93.0	94.3	94.85	95	320	314	317.0	319.3	319.8	320
98	93	96.0	97.3	97.85	98	350	342	347.0	349.3	349.8	350

（2）工序尺寸及公差的确定

加工中心在加工时也存在定位基准与设计基准不重合时工序尺寸及公差的确定问题。

如图 6 - 22（a）所示零件 105 ± 0.1 尺寸的 Ra0.8 两面均已在前面工序中加工完毕，在加工中心上只进行所有孔的加工。以 A 面定位时，由于高度方向没有同一基准，ϕ48H7 孔和上面两个 ϕ25H7 孔与 B 面的尺寸是间接保证的，欲保证 32.5 ± 0.1（ϕ25H7 与 B 面）和 52.5 ± 0.04 尺寸，需在上工序中对 105 ± 0.1 尺寸公差进行缩减。若改为图 6 - 22（b）所示方式标注尺寸，各孔位置尺寸都以定位面 A 为基准，基准统一，而且定位基准与设计基准重合，各个尺寸都容易保证。

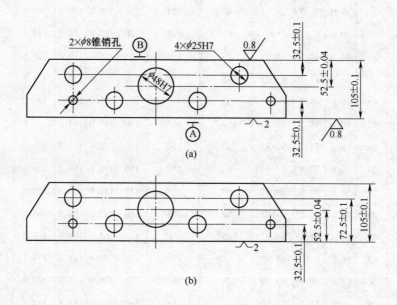

图 6 - 22　零件工序尺寸确定

6.3.4.2　加工中心加工切削用量的选择

（1）影响铣削用量的因素及选择

1）对于铣削加工来说，影响切削用量有如下因素：

①机床。切削用量的选择必须在机床主传动功率、进给传动功率以及主轴转速范围、进给速度范围之内。机床—刀具—工件系统的刚性是限制切削用量的重要因素。切削用量的选择应使机床—刀具—工件系统不发生较大的"振颤"。如果机床的热稳定性好，热变形小，可适当加大切削用量。

②刀具。刀具材料是影响切削用量的重要因素。表 6 - 5 是常用刀具材料的性能比较。

表6-5　　　　　　　　　　　　**常用刀具材料的性能比较**

刀具材料	切削速度	耐磨性	硬度	硬度随温度变化
高速钢	最低	最差	最低	最大
硬质合金	低	差	低	大
陶瓷刀片	中	中	中	中
金刚石	高	好	高	小

③冷却液。冷却液同时具有冷却和润滑作用，带走切削过程产生的切削热，降低工件、刀具、夹具和机床的温升，减少刀具与工件的摩擦和磨损，提高刀具寿命和工件表面加工质量。使用冷却液后，通常可以提高切削用量。冷却液必须定期更换，以防因其老化而腐蚀机床导轨或其他零件，特别是水溶性冷却液。

2）铣削参数的确定　加工不同的工件材料要采用与之适应的刀具材料、刀片类型，要注意到可切削性。合理的恒切削速度、较小的背吃刀量和进给量可以得到较高的加工精度。铣削加工的切削用量包括：切削速度、进给速度、背吃刀量和侧吃刀量。从刀具耐用度出发，切削用量的选择方法是：先选择背吃刀量或侧吃刀量，其次选择进给速度，最后确定切削速度。

①背吃刀量 a_p 或侧吃刀量 a_e。背吃刀量 a_p 为平行于铣刀轴线测量的切削层尺寸，单位为 mm。端铣时，a_p 为切削层深度；而圆周铣削时，为被加工表面的宽度。侧吃刀量 a_e 为垂直于铣刀轴线测量的切削层尺寸，单位为 mm。端铣时，a_e 为被加工表面宽度；而圆周铣削时，a_e 为切削层深度，见图6-23。

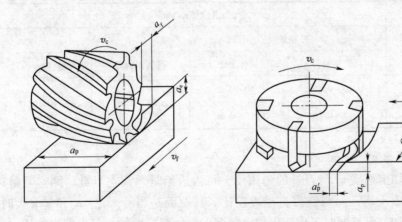

图6-23　铣削加工的切削用量

背吃刀量或侧吃刀量的选取主要由加工余量和对表面质量的要求决定：

a. 当工件表面粗糙度值要求为 Ra 12.5～25μm 时，如果圆周铣削加工余量小于5mm，端面铣削加工余量小于6mm，粗铣一次进给就可以达到要求。

但是在余量较大、工艺系统刚性较差或机床动力不足时，可分为两次进给完成。

b. 当工件表面粗糙度值要求为 $Ra\ 3.2 \sim 12.5\mu m$ 时，应分为粗铣和半精铣两步进行。粗铣时背吃刀量或侧吃刀量选取同前。粗铣后留 $0.5 \sim 1.0mm$ 余量，在半精铣时切除。

c. 当工件表面粗糙度值要求为 $Ra\ 0.8 \sim 3.2\mu m$ 时，应分为粗铣、半精铣、精铣三步进行。半精铣时背吃刀量或侧吃刀量取 $1.5 \sim 2mm$；精铣时，圆周铣侧吃刀量取 $0.3 \sim 0.5mm$，面铣刀背吃刀量取 $0.5 \sim 1mm$。

②进给量 f 与进给速度 v_f 的选择　铣削加工的进给量 f（mm/r）是指刀具转一周，工件与刀具沿进给运动方向的相对位移量；进给速度 v_f（mm/min）是单位时间内工件与铣刀沿进给方向的相对位移量。进给速度与进给量的关系为 $v_f = nf$（n 为铣刀转速，单位 r/min）。进给量与进给速度是数控铣床加工切削用量中的重要参数，根据零件的表面粗糙度、加工精度要求、刀具及工件材料等因素，参考切削用量手册选取或通过选取每齿进给量 f_z，再根据公式 $f = zf_z$（z 为铣刀齿数）计算。每齿进给量 f_z 的选取主要依据工件材料的力学性能、刀具材料、工件表面粗糙度等因素。工件材料强度和硬度越高，f_z 越小；反之则越大。硬质合金铣刀的每齿进给量高于同类高速钢铣刀。工件表面粗糙度要求越高，f_z 就越小。每齿进给量的确定可参考表 6 - 6 选取。工件刚性差或刀具强度低时，应取较小值。

表 6 - 6　　　　　　　　　　　铣刀每齿进给量参考值

工件材料	每齿进给量 $f_z/mm \cdot z^{-1}$			
	粗铣		精铣	
	高速钢铣刀	硬质合金铣刀	高速钢铣刀	硬质合金铣刀
钢	$0.10 \sim 0.15$	$0.10 \sim 0.25$	$0.02 \sim 0.05$	$0.10 \sim 0.15$
铸铁	$0.12 \sim 0.20$	$0.15 \sim 0.30$		

3）切削速度 v_c（m/min）

铣削的切削速度 v_c 与刀具的耐用度、每齿进给量、背吃刀量、侧吃刀量以及铣刀齿数成反比，而与铣刀直径成正比。其原因是当 f_z、a_p、a_e 和 z 增大时，刀刃负荷增加，而且同时工作的齿数也增多，使切削热增加，刀具磨损加快，从而限制了切削速度的提高。为提高刀具耐用度允许使用较低的切削速度。但是加大铣刀直径则可改善散热条件，可以提高切削速度。

铣削加工的切削速度 v_c 可参考表 6 - 7 选取，也可参考有关切削用量手册中的经验公式通过计算选取。

表 6 – 7　　　　　　　　　　铣削加工的切削速度参考值

工件材料	硬度（HBS）	铣削速度 v_c/m · min^{-1}	
		高速钢铣刀	硬质合金铣刀
钢	< 225	18 ~ 42	66 ~ 150
	225 ~ 325	12 ~ 36	54 ~ 120
	325 ~ 425	6 ~ 21	36 ~ 75
铸铁	< 190	21 ~ 36	66 ~ 150
	190 ~ 260	9 ~ 18	45 ~ 90
	260 ~ 320	4.5 ~ 10	21 ~ 30

（2）孔加工切削用量选择

表 6 – 8 ~ 表 6 – 12 中列出了部分孔加工切削用量，供选择时参考。

表 6 – 8　　　　　　　　高速钢钻头加工铸铁的切削用量

钻头直径 /mm	材料硬度 160 ~ 200HBS		材料硬度 200 ~ 300HBS		材料硬度 300 ~ 400HBS	
	v_c/m · min^{-1}	f/mm · r^{-1}	v_c/m · min^{-1}	f/mm · r^{-1}	v_c/m · min^{-1}	f/mm · r^{-1}
1 ~ 6	16 ~ 24	0.07 ~ 0.12	10 ~ 18	0.05 ~ 0.1	5 ~ 12	0.03 ~ 0.08
6 ~ 12	16 ~ 24	0.12 ~ 0.2	10 ~ 18	0.1 ~ 0.18	5 ~ 12	0.08 ~ 0.15
12 ~ 22	16 ~ 24	0.2 ~ 0.4	10 ~ 18	0.18 ~ 0.25	5 ~ 12	0.15 ~ 0.2
22 ~ 50	16 ~ 24	0.4 ~ 0.6	10 ~ 18	0.25 ~ 0.4	5 ~ 12	0.2 ~ 0.3

表 6 – 9　　　　　　　　高速钢钻头加工钢件的切削用量

钻头直径 /mm	σ_b = 520 ~ 700MPa（45 钢）		σ_b = 700 ~ 900MPa（20Cr）		σ_b = 1000 ~ 1100MPa 合金钢	
	v_c/m · min^{-1}	f/mm · r^{-1}	v_c/m · min^{-1}	f/mm · r^{-1}	v_c/m · min^{-1}	f/mm · r^{-1}
1 ~ 6	8 ~ 25	0.05 ~ 0.1	12 ~ 30	0.05 ~ 0.1	8 ~ 15	0.03 ~ 0.08
6 ~ 12	8 ~ 25	0.1 ~ 0.2	12 ~ 30	0.1 ~ 0.2	8 ~ 15	0.08 ~ 0.15
12 ~ 22	8 ~ 25	0.2 ~ 0.3	12 ~ 30	0.2 ~ 0.3	8 ~ 15	0.15 ~ 0.25
22 ~ 50	8 ~ 25	0.3 ~ 0.45	12 ~ 30	0.3 ~ 0.45	8 ~ 15	0.25 ~ 0.35

表 6 – 10　　　　　　　　高速钢铰刀铰孔的切削用量

铰刀直径 /mm	铸铁		钢及合金钢		铝铜及其合金	
	v_c/m · min^{-1}	f/mm · r^{-1}	v_c/m · min^{-1}	f/mm · r^{-1}	v_c/m · min^{-1}	f/mm · r^{-1}
6 ~ 10	2 ~ 6	0.3 ~ 0.5	1.2 ~ 5	0.3 ~ 0.4	8 ~ 12	0.3 ~ 0.5
10 ~ 15	2 ~ 6	0.5 ~ 1	1.2 ~ 5	0.4 ~ 0.5	8 ~ 12	0.5 ~ 1
15 ~ 25	2 ~ 6	0.8 ~ 1.5	1.2 ~ 5	0.5 ~ 0.6	8 ~ 12	0.8 ~ 1.5
25 ~ 40	2 ~ 6	0.8 ~ 1.5	1.2 ~ 5	0.4 ~ 0.6	8 ~ 12	0.8 ~ 1.5
40 ~ 60	2 ~ 6	1.5 ~ 2	1.2 ~ 5	0.5 ~ 0.6	8 ~ 12	1.5 ~ 2

注：采用硬质合金铰刀铰铸铁时，v_c = 8 ~ 10m/min；铰铝时 v_c = 12 ~ 15m/min。

表6-11　　　　　　　　　　　　镗孔的切削用量

加工方式	工件材料	铸铁		钢		铝铜及其合金	
		$v_c/\text{m} \cdot \text{min}^{-1}$	$f/\text{mm} \cdot \text{r}^{-1}$	$v_c/\text{m} \cdot \text{min}^{-1}$	$f/\text{mm} \cdot \text{r}^{-1}$	$v_c/\text{m} \cdot \text{min}^{-1}$	$f/\text{mm} \cdot \text{r}^{-1}$
粗镗	高速钢 硬质合金	20~25 35~50	0.4~1.5	15~30 50~70	0.35~0.7	100~150 100~250	0.5~1.5
半精镗	高速钢 硬质合金	20~35 50~70	0.15~0.45	15~50 95~135	0.15~0.45	100~200	0.2~0.5
精镗	高速钢 硬质合金	70~90	<0.08 0.12~0.15	100~135	0.12~0.15	150~400	0.06~0.1

注：当采用高精度的镗刀镗孔时，由于余量较小，直径余量不大于0.2mm，切削速度可提高一些，铸铁为100~150m·min^{-1}，钢件为150~250m·min^{-1}，铝合金为200~400m·min^{-1}。进给量可在0.03~0.1mm·r^{-1}。

表6-12　　　　　　　　　　　　攻螺纹的切削用量

加工材料	铸铁	钢及合金钢	铝铜及其合金
$v_c/\text{m} \cdot \text{min}^{-1}$	2.5~5	1.5~5	5~15

（3）主轴转速 n 的确定

1）孔加工主轴转速 n（r/min）根据选定的切削速度 v_c（m/min）和加工直径 d 或刀具直径按式（6-3）来计算。

$$n = \frac{1000v_c}{\pi d} \qquad\qquad (6-3)$$

式中　n——工件或刀具的转速，单位 r/min

　　　v_c——切削速度，单位 m/min

　　　d——切削刃选定点处所对应的工件或刀具的回转直径，单位 mm

2）攻螺纹时主轴转速按式（6-4）来计算。

$$n \leqslant \frac{1200}{P} - K \qquad\qquad (6-4)$$

式中　P——工件螺纹的螺距或导程

　　　K——保险系数，一般取80

（4）进给速度 F 的确定

1）孔加工工作进给速度根据选择的进给量和主轴转速按式（6-5）来计算。

$$F = nf \qquad\qquad (6-5)$$

式中　F——进给速度，单位 mm/min

　　　f——进给量，单位 mm/r

2）攻螺纹时进给量的选择决定于螺纹导程，由于使用了带有浮动功能的攻螺纹夹头，攻螺纹时工作进给速度 F（mm/min）可略小于理论计算值，即

$$F = Pn \qquad\qquad (6-6)$$

式中　P——加工螺纹的导程，mm

6.4　加工中心典型加工零件的工艺分析

6.4.1　盖板零件在加工中心的加工工艺

盖板是机械加工中常见的零件，加工表面有平面和孔，通常需经铣平面、钻孔、扩孔、镗孔、铰孔及攻螺纹等工步才能完成。下面以图 6-24 所示盖板为例介绍其加工中心加工工艺。

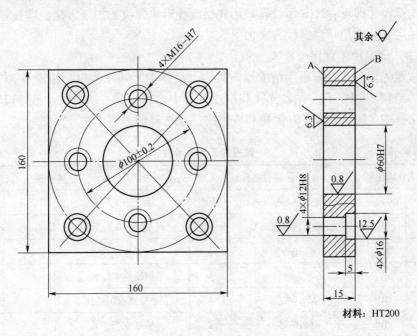

图 6-24　盖板零件图

6.4.1.1　分析零件图样，选择加工内容

该盖板的材料为铸铁，故毛坯为铸件。由零件图可知，盖板的四个侧面为不加工表面，全部加工表面都集中在 A、B 面上。最高精度为 IT7 级。从工序集中和便于定位两个方面考虑，选择 B 面及位于 B 面上的全部孔在加工中心上加工，将 A 面作为主要定位基准，并在前道工序中先加工好。

6.4.1.2　选择加工中心

由于 B 面及位于 B 面上的全部孔，只需单工位加工即可完成，故选择立式加

工中心。加工表面不多，只有粗铣、精铣、粗镗、半精镗、精镗、钻、扩、锪、铰及攻螺纹等工步，所需刀具不超过 20 把。选用国产 XH714 型立式加工中心即可满足上述要求。该机床工作台尺寸为 400mm × 800mm，X 轴行程为 600mm，Y 轴行程为 400mm，Z 轴行程为 400mm，主轴端面至工作台台面距离为 125 ~ 525mm，定位精度和重复定位精度分别为 0.02mm 和 0.01mm，刀库容量为 18 把，工件一次装夹后可自动完成铣、钻、镗、铰及攻螺纹等工步的加工。

6.4.1.3 设计工艺

（1）选择加工方法

B 平面用铣削方法加工，因其表面粗糙度 Ra 为 6.3μm，故采用粗铣→精铣方案；ϕ60H7 孔为已铸出毛坯孔，为达到 IT7 级精度和 Ra0.8μm 的表面粗糙度，需经三次镗削，即采用粗镗→半精镗→精镗方案；对 ϕ12H8 孔，为防止钻偏和达到 IT8 级精度，按钻中心孔→钻孔→扩孔→铰孔方案进行；ϕ16 孔在 ϕ12 孔基础上锪至尺寸即可；M16 螺纹孔采用先钻底孔后攻螺纹的加工方法，即按钻中心孔→钻底孔→倒角→攻螺纹方案加工。

（2）确定加工顺序

按照先面后孔、先粗后精的原则确定。具体加工顺序为粗、精铣 B 面→粗、半精、精镗 ϕ60H7 孔→钻各光孔和螺纹孔的中心孔→钻、扩、锪、铰 ϕ12H8 及 ϕ16 孔→M16 螺孔钻底孔、倒角和攻螺纹，详见表 6 – 13。

表 6 – 13　　　　　　　　　　数控加工刀具卡片

产品名称或代号		× × ×	零件名称		盖板		零件图号	× ×
序号	刀具号	刀具规格名称/mm		数量	加工表面/mm		刀长/mm	备注
1	T01	ϕ100 可转位面铣刀		1	铣 A、B 表面			
2	T02	ϕ3 中心钻		1	钻中心孔			
3	T03	ϕ58 镗刀		1	粗镗 ϕ60H7 孔			
4	T04	ϕ59.9 镗刀		1	半精镗 ϕ60H7 孔			
5	T05	ϕ60H7 镗刀		1	精镗 ϕ60H7 孔			
6	T06	ϕ11.9 麻花钻		1	钻 4 – ϕ12H8 底孔			
7	T07	ϕ16 阶梯铣刀		1	锪 4 – ϕ16 阶梯孔			
8	T08	ϕ12H8 铰刀		1	铰 4 – ϕ12 H8 孔			
9	T09	ϕ14 麻花钻		1	钻 4 – M16 螺纹底孔			
10	T10	90°ϕ16 铣刀		1	4 – M16 螺纹孔倒角			
11	T11	机用丝锥 M16		1	攻 4 – M16 螺纹孔			
编制	× × ×	审核	× × ×	批准	× × ×	共　页	第　页	

（3）确定装夹方案

该盖板零件形状简单，四个侧面较平整，加工面与不加工面之间的位置精度要求不高，故可选用通用台钳，以盖板底面 A 和两个侧面定位，用台钳钳口从侧面夹紧。

（4）选择刀具

根据加工内容，所需刀具有面铣刀、镗刀、中心钻、麻花钻、铰刀、立铣刀（锪 $\phi16mm$ 孔）及丝锥等，其规格根据加工尺寸选择。B 面粗铣铣刀直径应选小一些，以减小切削力矩，但也不能太小，以免影响加工效率；B 面精铣铣刀直径应选大一些，以减少接刀痕迹，但要考虑到刀库允许装刀直径（XH714 型加工中心的允许装刀直径：无相邻刀具为 $\phi150mm$，有相邻刀具为 $\phi80mm$）也不能太大。刀柄柄部根据主轴锥孔和拉紧机构选择。XH714 型加工中心主轴锥孔为ISO40，适用刀柄为 BT40（日本标准 JISB6339），故刀柄柄部应选择 BT40 型式。具体所选刀具及刀柄见表 6 - 13。

（5）确定进给路线

B 面的粗、精铣削加工进给路线根据铣刀直径确定，因所选铣刀直径为 $\phi100mm$，故安排沿 Z 方向两次进给（见图 6 - 25）。因为孔的位置精度要求不高，机床的定位精度完全能保证，所有孔加工进给路线均按最短路线确定，图6 - 26 所示即为各孔加工工步的进给路线。

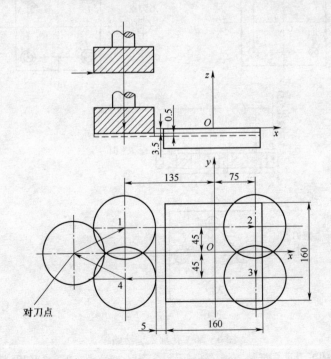

图 6 - 25　铣削 B 面进给路线

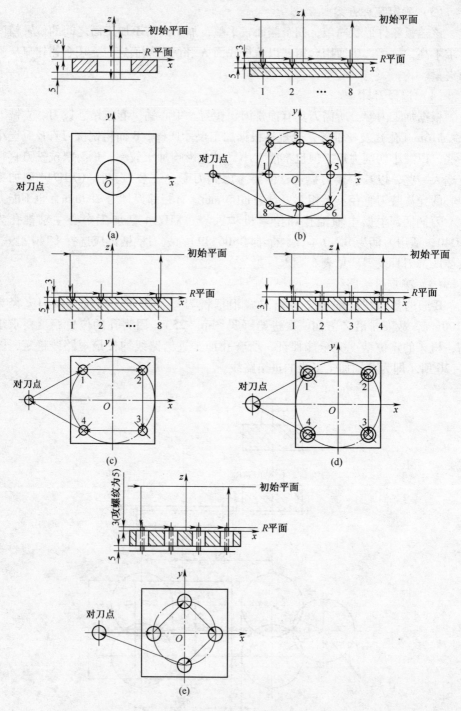

图 6-26 孔加工进给路线

(a) 镗 ϕ60H7 孔进给路线   (b) 钻中心孔进给路线   (c) 钻、扩、铰 ϕ12H8 进给路线
(d) 锪 ϕ16 孔进给路线   (e) 钻螺纹底孔、攻螺纹进给路线

（6）选择切削用量

查表确定切削速度和进给量，然后计算出机床主轴转速和机床进给速度，详见表6-14。

表6-14 数控加工工序卡片

单位名称	×××	产品名称或代号	零件名称	材料	零件图号
		×××	盖板		×××
工序号	程序编号	夹具名称	夹具编号	使用设备	车间
×××	×××	平口虎钳	×××	XK5030	×××

工步号	工步内容	刀具号	刀具规格 /mm	主轴转速 /r·min⁻¹	进给速度 /mm·min⁻¹	背吃刀量 /mm	备注
1	粗铣 A 面	T01	ϕ100	250	80	3.8	自动
2	精铣 A 面	T01	ϕ100	320	40	0.2	自动
3	粗铣 B 面	T01	ϕ100	250	80	3.8	自动
4	精铣 B 面，保证尺寸 15	T01	ϕ100	320	40	0.2	自动
5	钻各光孔和螺纹孔的中心孔	T02	ϕ3	1000	40		自动
6	粗镗 ϕ60H7 孔至 ϕ58	T03	ϕ58	400	60		自动
7	半精镗 ϕ60H7 孔至 ϕ59.9	T04	ϕ59.9	460	50		自动
8	精镗 ϕ60H7 孔	T05	ϕ60H7	520	30		自动
9	钻 4-ϕ12H8 底孔至 ϕ11.9	T06	ϕ11.9	500	60		自动
10	锪 4-ϕ16 阶梯孔	T07	ϕ16	200	30		自动
11	铰 4-ϕ12 H8 孔	T08	ϕ12H8	100	30		自动
12	钻 4-M16 螺纹底孔至 ϕ14	T09	ϕ14	350	50		自动
13	4-M16 螺纹孔倒角	T10	ϕ16	300	40		自动
14	攻 4-M16 螺纹孔	T11	M16	100	200		自动
编制	×××	审核	×××	批准	×××	共1页	第1页

6.4.2 异形支架的加工工艺

6.4.2.1 零件工艺分析

图6-27是异形支架的零件简图。该异形支架的材料为灰口铸铁，毛坯为普通砂型铸件。该工件结构复杂，精度要求较高，各加工表面之间有较严格的垂直度等位置公差要求，毛坯有较大的加工余量，零件的工艺刚性差，特别是加工40h8部分时，如用常规加工方法在普通机床上加工，很难达到图纸要求。原因是假如先在车床上一次加工完成 ϕ75js6 外圆、端面和 ϕ62J7 孔、2×2.2$^{+0.12}_{0}$ 槽，然后在镗床上加工 ϕ55H7 孔，要求保证对 ϕ62J7 孔之间的对称度 0.06mm 及垂直

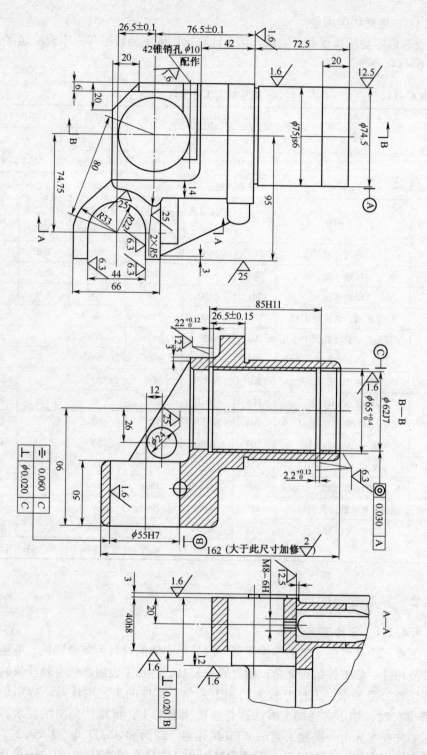

图 6 - 27　异形支架零件简图

度 0.02mm，就需要高精度机床和高水平操作工，一般是很难达到上述要求的。如果先在车床上加工 $\phi75js6$ 外圆及端面，再在镗床上加工 $\phi62J7$ 孔，$2 \times 2.2_{\ 0}^{+0.12}$ 槽及 $\phi55H7$ 孔，这样虽然较易保证上述的对称度和垂直度，但却难以保证 $\phi62J7$ 孔与 $\phi75js6$ 外圆之间 $\phi0.03mm$ 的同轴度要求，而且需要特殊刀具切 $2 \times 2.2_{\ 0}^{+0.12}$ 槽。另外，完成 40h8 尺寸需两次装卡，调头加工，难以达到要求，$\phi55H7$ 孔与 40h8 尺寸需分别在镗床和铣床上加工完成，同样难以保证其对 B 孔的 0.02mm 垂直度要求。

6.4.2.2　选择加工中心

通过零件的工艺分析，确定该零件在卧式加工中心上加工。根据零件外形尺寸及图纸要求，选定的仍是国产 XH754 型卧式加工中心。

6.4.2.3　设计工艺

（1）选择在加工中心上加工的部位及加工方案

$\phi62J7$ 孔　　　　　　粗镗→半精镗→孔两端倒角→铰

$\phi55$　H7 孔　　　　　粗镗→孔两端倒角→精镗

$2 \times 2.2_{\ 0}^{+0.12}$ 空刀槽　一次切成

44U 形槽　　　　　　粗铣→精铣

$R22$ 尺寸　　　　　　一次镗

40h8 尺寸两面　　　　粗铣左面→粗铣右面→精铣左面→精铣右面

（2）确定加工顺序

B0°：粗镗 $R22$ 尺寸→粗铣 U 形槽→粗铣 40h8 尺寸左面→B180°：粗铣 40h8 尺寸右面→B270°：粗镗 $\phi62J7$ 孔→半精镗 $\phi62J7$ 孔→切 $2 \times \phi65_{\ 0}^{+0.4} \times 2.2_{\ 0}^{+0.12}$ 空刀槽→$\phi62h7$ 孔两端倒角。B180°：粗镗 $\phi55H7$ 孔孔两端倒角→B0°：精铣 U 形槽→精铣 40h8 左端面→B180°：精铣 40h8 右端面→精镗 $\phi55H7$ 孔→B270°铰 $\phi62J7$ 孔。具体工艺过程见表 6 - 15。

（3）确定装夹方案和选择夹具

支架在加工时，以 $\phi75js6$ 外圆及 26.5 ± 0.15 尺寸上面定位（两定位面均在前面车床工序中先加工完成）。工件安装简图如图 6 - 28 所示。

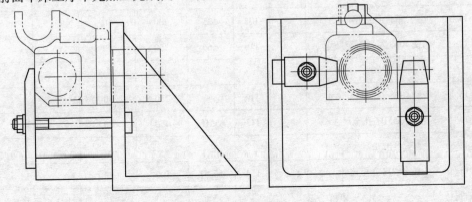

图 6 - 28　工件装夹示意图

表 6－15　　　　　　　　　　　数控加工工序卡片

（工厂）	数控加工工序卡片		产品名称或代号	零件名称	材料	零件图号
				导形支架	铸铁	
工序号	程序编号	夹具名称	夹具编号	使用设备		车间
		专用夹具		XH754		

工步号	工步内容	加工面 刀具号	刀具规格 /mm	主轴转速 /r·min⁻¹	进给速度 /mm·min⁻¹	背吃刀量 /mm	备注
	B0°						
1	粗镗尺寸、$R22$ 尺寸	T01	$\phi42$	300	45		
2	粗铣 U 形槽	T02	$\phi25$	200	60		
3	粗铣 40h8 尺寸左面	T03	$\phi30$	180	60		
	180°						
4	粗铣 40h8 尺寸右面	T03	$\phi30$	180	60		
	B270°						
5	粗镗 $\phi62J7$ 孔至 $\phi61$	T04	$\phi61$	250	80		
6	半精镗 $\phi62J7$ 孔至 $\phi61.85$	T05	$\phi61.85$	350	60		
7	切 $2\times\phi65^{+0.5}_{0}\times2.2^{+0.12}_{0}$ 空刀槽	T06	$\phi50$	200	20		
8	$\phi62J7$ 孔两端倒角	T07	$\phi66$	100	40		
	B180°						
9	粗镗 $\phi55H7$ 孔至 $\phi54$	T08	$\phi54$	350	60		
10	$\phi55H7$ 孔两端倒角	T09	$\phi66$	100	30		
	B0°						
11	精铣 U 形槽	T02	$\phi25$	200	60		
12	精铣 40h8 左端面至尺寸	T10	$\phi66$	250	30		
	B180°						
13	精铣 40h8 右端面至尺寸	T10	$\phi66$	250	30		
14	精镗 $\phi55H7$ 孔至尺寸	T11	$\phi55H7$	450	20		
	B270°						
15	铰 $\phi62J7$ 孔至尺寸	T12	$\phi62J7$	100	80		
编制		审核		批准		共1页	第1页

（4）选择刀具

各工步刀具直径根据加工余量和加工表面尺寸确定，详见表6-16数控加工刀具卡片。

表6-16　　　　　　　　　　数控加工刀具卡片

产品名称或代号		零件名称		异形支架	零件图号		程序编号	
工步号	刀具号	刀具名称	刀柄型号	刀具			补偿值/mm	备注
				直径/mm	长度/mm			
1	T01	镗刀 $\phi42$	JT40-TQC30-270	$\phi42$				
2	T02	长刃铣刀 $\phi25$	JT40-MW3-75	$\phi25$				
3	T03	立铣刀 $\phi30$	JT40-MW4-85	$\phi30$				
4	T03	立铣刀 $\phi30$	JT40-MW4-85	$\phi30$				
5	T04	镗刀 $\phi61$	JT40-TQC50-270	$\phi61$				
6	T05	镗刀 $\phi61.85$	JT40-TZC50-270	$\phi61.85$				
7	T06	切槽刀 $\phi50$	JT40-M4-95	$\phi50$				
8	T07	倒角镗刀 $\phi66$	JT40-TZC50-270	$\phi66$				
9	T08	镗刀 $\phi54$	JT40-TZC40-240	$\phi54$				
10	T09	倒角刀 $\phi66$	JT40-TZC50-270	$\phi66$				
11	T02	长刃铣刀 $\phi25$	JT40-MW3-75	$\phi25$				
12	T10	镗刀 $\phi66$	JT40-TZC40-180	$\phi66$				
13	T10	镗刀 $\phi66$	JT40-TZC40-180	$\phi66$				
14	T11	镗刀 $\phi55H7$	JT40-TQC50-270	$\phi55H7$				
15	T12	铰刀 $\phi62J7$	JT40-K27-180	$\phi62J7$				
编制		审核			批准		共1页	第1页

习题六

6-1　加工中心上孔的加工方案如何确定？进给路线应如何考虑？

6-2　加工中心适合加工什么样的零件？

6-3　加工中心加工选择定位基准的要求有哪些？应遵循的原则是什么？

6-4 如何进行数控铣削切削用量的确定？

6-5 加工中心加工对夹具的要求有哪些？

6-6 常用的夹具种类有哪些？这些不同种类的夹具适宜装夹什么样的工件？

6-7 加工中心的对刀方法有哪些？

6-8 使用对刀仪对刀应注意哪些问题？

6-9 在加工中心上加工的零件，其结构工艺性应具备哪些要求？

6-10 适合在加工中心上加工的零件表面通常有哪些？

6-11 盖板、支承套和异形支架有什么共同的特点？

6-12 质量要求高的零件在加工中心上加工时，为什么应尽量将粗精加工分两阶段进行？

6-13 确定加工中心加工零件的余量时，其大小应如何考虑？

6-14 箱体类零件和模具成型零件有什么特点？

6-15 箱体类零件和模具成型零件加工工艺卡包括哪些主要内容？

6-16 对图6-29所示的支承套零件进行数控加工工艺分析，拟定加工方案，选择合适的刀具，确定切削用量。

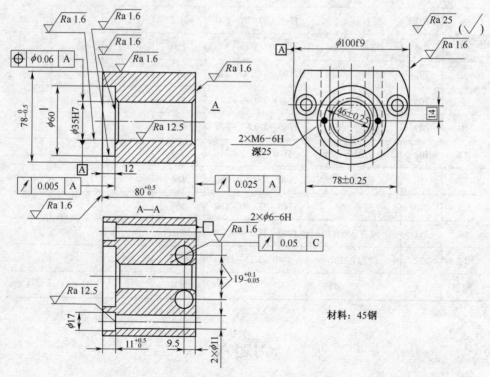

图6-29 支承套零件

6-17 加工如图6-30所示减速箱，材料为HT200，小批量生产，试制订减速箱的机械加工工艺。

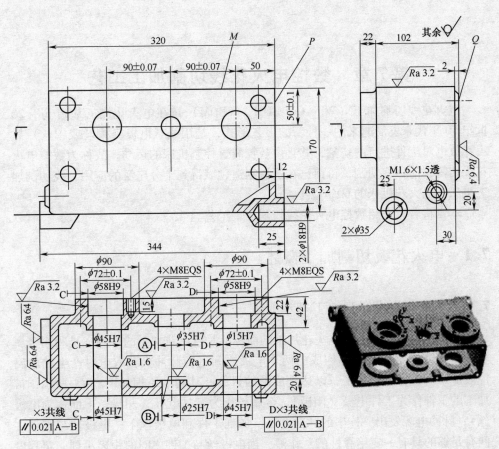

图6-30 减速箱体零件简图

第7章 数控电火花线切割加工工艺

电火花线切割加工（Wire Cut EDM，WEDM）是在电火花加工基础上于20世纪50年代末发展起来的一种新的工艺形式，是用线状电极（铜丝或钼丝）靠火花放电对工件进行的切割，并且由数控装置控制机床的运动，故称为数控电火花线切割，简称线切割，目前已在机械制造领域得到十分广泛的应用，线切割加工机床占电火花机床的60%以上。

本章将着重介绍数控电火花线切割加工工艺。

7.1 电火花线切割加工概述

7.1.1 电火花线切割加工基本原理

线切割加工是线电极电火花加工的简称，是电火花加工的一种，是利用金属丝（铜丝或钼丝）与工件构成的两个电极之间进行脉冲火花放电时产生的电腐蚀效应来对工件进行加工，以达到成形的目的。其基本原理如图7-1所示：被加工的工件作为工件电极（阳极），金属丝作为工具电极（阴极，下面称为电极丝），脉冲电源发出一连串的脉冲电压，加到工件和电极丝上；电极丝与工件之间有足够的具有一定绝缘性的工作液。当电极丝与工件之间的距离小到一定程度时，在脉冲电压的作用下，工作液被电离击穿，在电极丝与工件之间形成瞬时的放电通道，产生瞬时高温，使金属局部熔化甚至汽化而被蚀除下来。若工作台带动工件不断进给，就能切割出所需的形状。

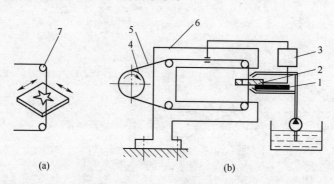

(a)   (b)

图7-1 电火花线切割加工原理

（a）加工示意图 （b）线切割加工原理示意图

1—绝缘底板 2—工件 3—脉冲电源 4—滚丝筒 5—电极丝 6—支架 7—导向轮

根据电极丝移动速度的大小分为高速走丝线切割和低速走丝线切割。低速走丝线切割的加工质量高，但设备费用、加工成本也高。我国普遍采用高速走丝线切割，近年正在发展低速走丝线切割。高速走丝时，线电极采用高强度钼丝，钼丝以 8～10m/s 的速度作往复运动，加工过程中钼丝可重复使用。低速走丝时，多采用铜丝，电极丝以小于 0.2m/s 的速度作单方向低速移动，电极丝只能一次性使用。电极丝与工件之间的相对运动一般采用自动控制，现在已全部采用数字程序控制，即电火花数控线切割。工作液起绝缘、冷却和冲走屑末的作用，一般为乳化液或去离子水。

7.1.2　电火花线切割加工的特点与应用

（1）数控电火花线切割加工的特点

数控电火花线切割加工机理与电火花成形加工有许多共性，也有其中一些特有的特点，具体表现在：

1）加工对象不受硬度的限制，可用于一般切削方法难以加工或者无法加工的金属材料和半导体材料，特别适合淬火工具钢、硬质合金等高硬度材料的加工，但无法加工非金属导电材料。

2）加工精度较高。由于电极丝是不断移动的，所以电极丝的磨损很小，加工表面粗糙度可达 $Ra0.05\mu m$，完全可以满足一般精密零件的加工要求。

3）能加工细小、形状复杂的工件。由于电极丝直径最小可达 0.02mm，所以能加工出窄缝、锐角（小圆角半径）等细微结构。

4）用户无需制造电极，节约了电极制造时间和电极材料，降低了加工成本。

5）工作液选用乳化液或去离子水等，而不是煤油，可节约能源，防止着火。

6）工件材料被蚀除的量很少，这不仅有助于提高加工速度，而且加工下来的材料还可以再利用。

7）便于实现自动化。采用数控技术，只要编好程序，机床就能够自动加工，操作方便、加工周期短、成本低、比较安全。

另外，与电火花成形加工相比，线切割加工也有其局限性，不能加工不通孔、盲孔及纵向阶梯表面；加工前，需先钻小孔（穿丝孔）用来穿电极丝使用。

（2）数控电火花线切割加工的应用范围

线切割加工为新产品试制、精密零件加工及模具制造开辟了一条新的工艺途径，主要应用包括以下几个方面：

1）模具加工。适用于加工各种形状的模具，特别是冲模、挤压模、塑料模和电火花加工型腔所用的电极的加工。例如形状复杂带有尖角窄缝的小型凹模型孔可采用整体结构淬火后加工，既能保证模具的精度，又可以简化设计和制造。如图 7-2 所示。

2）难加工零件。线切割能加工各种高硬度、高强度、高韧性和高脆性的导

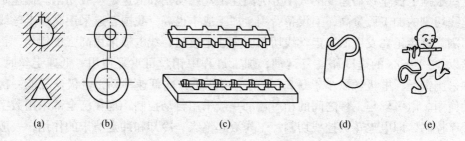

图 7-2 常见数控线切割加工的零件

(a) 内尖角 (b) 齿轮内外齿形 (c) 窄长冲模 (d) 曲面 (e) 平面图案

电材料，如淬火钢、硬质合金等。加工时，电极丝与工件始终不接触，有 0.01mm 左右的间隙，几乎不存在切削力，有利于提高零件的加工精度，能加工各种冲模、凸轮、样板等外形复杂的精密零件及窄缝。

3）贵重金属材料。由于线切割用的电极丝尺寸远远小于切削刀具尺寸（最细的电极丝尺寸可达 0.02mm），用它切割贵重金属，可以节约大量切缝消耗。

4）试制新产品。新产品试制时，一些关键件往往需要模具制造，但加工模具周期长且成本高，采用线切割可以直接切制零件，从而降低成本，缩短新产品试制周期。

5）目前许多数控电火花线切割机床采用四轴联动，可以加工锥体、上下异型面扭转体零件，为数控电火花线切割加工技术在机械加工领域中的应用提供了更广阔的空间。

7.2 数控电火花线切割加工工艺的拟订

数控线切割一般作为工件加工的最后一道工序，使工件达到图样规定尺寸、形状位置精度和表面粗糙度，其工艺路线大致分为如下四个步骤：

1）对工件图样进行审核及分析，估算加工工时；

2）加工前准备，包括机床调整、工作液配制，电极丝的选择及校正，工件准备等；

3）加工参数的选择及设定，包括脉冲参数和进给速度调节；

4）计算编写加工程序及制作控制系统。

电火花线切割加工完成之后，需根据要求进行表面处理，检验其加工质量。工艺路线如图 7-3 所示。

数控电火花线切割加工工艺流程较为繁琐，涉及内容较多，包括加工前准备、夹具选择、穿丝孔位置确定、工艺参数的选择及切割路线的制订等内容，下面就有关内容作一简单介绍。

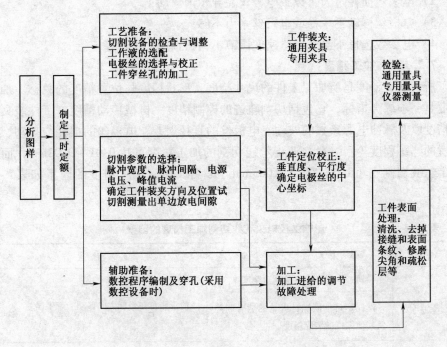

图7-3 电火花线切割加工工艺路线

7.2.1 数控电火花线切割的主要工艺指标及影响因素

7.2.1.1 切割速度

线切割加工就是对工件进行切缝加工，所谓的切削速度是指单位时间内电极丝中心所切割过的有效面积，通常以 mm^2/min 表示。最高切削速度是指在不计切割方向与表面粗糙度等条件下，所能达到的最大切割速度，通常快走丝切割加工的切割速度为 $40 \sim 80mm^2/min$，它与加工电流大小有关，为了比较切割效果，将每安培电流的切割速度称为切割效率，一般切割效率为 $20mm^2/$（$min \cdot A$）。

影响切削速度的因素有走丝速度、工件电极材料，电极丝张力、电极丝直径、工件厚度与脉冲电源及其他因素，一般情况，走丝速度越快，切割速度也越快；电极丝张力适当取高一些，切割速度将会增加；工件材料对切割速度有着明显的影响，按切割速度大小顺序排列是：铝、铜、钢、铜钨合金、硬质合金。

7.2.1.2 加工表面粗糙度及质量

表面粗糙度的表征参数主要有 Ra，Rz，$Rmax$，一般用轮廓算术平均值 Ra 表示，单位为 μm。高速走丝线切割一般表面粗糙度值 Ra 为 $2.5 \sim 5\mu m$，最好表面粗糙度值 Ra 为 $1\mu m$；而低速走丝线切割一般 Ra 可达 $1.25\mu m$，最佳 Ra 可达 $0.04\mu m$。影响表面粗糙度的主要因素如下：

1）丝轮与轴承磨损，使加工表面呈条纹状；

2）电极丝损耗过大，以致电极丝在导轮内窜动；

3）电极丝移动不平稳或电极丝张力不够；

4）电参数选择不当，进给速度调节不当，致使加工不稳定。

7.2.1.3 加工精度

所谓加工精度是所加工工件的尺寸精度、形状精度与位置精度的总称。加工精度是一项综合指标，它包括切割轨迹的控制精度、机械传动精度、工件装夹定位精度以及脉冲电源参数的波动、电极丝的直径误差、电极丝的损耗与抖动、加工者的熟练程度等。一般高速走丝线切割的加工精度可达 0.01 ~ 0.02mm，而低速走丝线切割则可达 0.002 ~ 0.005mm。影响线切割加工精度的因素如表7 - 1 所示。

表 7 - 1　　　　　　　　　影响数控电火花线切割加工精度的因素

影响因素		影响情况
坐标工作台	导轨、丝杠、齿轮的制造精度	使工作台在坐标方向移动，产生误差
	丝杠螺母的间隙，齿轮的啮合间隙及其他零件的装配精度	
走丝系统	丝架与工作台的垂直度	影响工件侧壁垂直度，造成工件上下端尺寸误差
	导轮的偏摆与磨损情况	影响电极丝的垂直度，造成电极丝位移与摆动，影响工件尺寸与切割面质量
	卷丝筒的转动与移动精度	造成电极丝抖动，影响尺寸和粗糙度
	电极丝的张紧程度	张紧程度不够，切割中电极丝成弧线状，造成工件形状误差
运算控制系统		因控制系统失误，造成工件尺寸误差
脉冲电源的电参量		影响电极丝的损耗，影响放电间隙
进给速度		使电极丝受力不呈直线状，影响工件形状
工件材料内应力		切割过程中，因内应力变形影响尺寸；切割完后，因内应力引起变形与开裂

7.2.1.4 电极丝损耗

电火花线切割机床加工中，电极丝的损耗或断丝严重影响其连续自动操作的进行，对于高速走丝机床，电极丝损耗量用电极丝在切割 1000mm^2 面积后电极丝直径的减少量来表示，一般减少量不应大于 0.01mm。对于慢走丝机床，由于电极丝是一次性的，故电极丝损耗量可以忽略不计。

7.2.2　数控电火花线切割加工工艺准备

工艺准备主要包括工件准备、电极丝准备与相关工艺参数的选择等。

7.2.2.1　电极丝准备

（1）线电极材料的选择

目前电火花线切割加工使用的电极丝材料有钼丝、钨丝、钨钼合金丝、黄铜丝、铜钨丝等，表 7 – 2 是常用电极丝材料的特点，可供选择时参考。

表 7 – 2　　　　　　　　　　　各种电极丝特点

材料	线径/mm	特点
纯铜	0.1 ~ 0.25	适合于切割要求不高或精加工时用，丝不易卷曲，抗拉强度低，容易断丝
黄铜	0.1 ~ 0.30	适合于高速加工，加工面的蚀屑附着少，表面精度和加工表面的平直度也较好
专用黄铜	0.05 ~ 0.35	适合于高速、高精度和理想的表面粗糙度加工以及自动穿丝，但价格高
钼	0.06 ~ 0.25	由于其抗拉强度高，一般用于快走丝，在进行细微、窄缝加工时也可以用于慢走丝
钨	0.03 ~ 0.10	由于抗拉强度高，可用于各种窄缝的微细加工，但价格昂贵

一般情况下，快走丝线切割加工中广泛使用钼丝作为电极丝，慢走丝线切割加工中广泛使用直径为 0.1mm 以上的黄铜丝作为电极丝。

（2）电极丝直径选择

它是根据加工要求与工艺条件选取的；在加工允许的条件下，尽可能选用粗的电极丝，提高加工速度，但过粗则难加工尖角工件，降低加工精度；若选用电极丝直径过小，则抗拉强度低，加工速度降低，易断丝，加工精度可相应提高，一般电极丝直径根据工件加工的切缝宽窄、工件厚度及拐角尺寸大小等来选择。由图 7 – 4 可知，电极丝直径 d 与拐角半径 R 的关系为 $d \leqslant 2(R - \delta)$，所以在拐角要求小的微细线切割加工中，需要选用直径较细的电极丝。

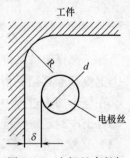

图 7 – 4　电极丝直径与拐角关系

7.2.2.2　工件准备

（1）工件毛坯的准备

在线切割加工中，应尽量选择淬透性好、热处理变形小的材料，因此在线切割加工模具时，应尽量使用 Cr12、CrWMn、Cr12MoV，GCr15 等合金钢，以达到降低残余应力、减小变形的目的，这是由于加工过程中的残余应力的释放会使工件变形，从而达不到加工尺寸精度要求，淬火不当的工件还会在加工过程中出现裂纹，因此，工件需经二次以上回火或高温回火。另外，加工前还需要进行消磁处理及去除表面氧化皮、锈斑等。例如，以线切割加工为主要工艺时，钢件的加工工艺路线一般为：下料—锻造—退火—机械粗加工—淬火与高温回火—磨加工（退磁）—线切割加工—钳工修整。

（2）基准面的选择

切割时，工件大多数都需要有基准面，基准面必须精磨，一般根据工件外形与加工要求，应准备相应的校正与加工基准，此基准尽量与图样的设计基准一致，常见的有以下两种形式：

1）以外形为校正和加工基准，外形是矩形状的工件，一般需要有两个相互垂直的基准面，并垂直于工件的上下平面，如图 7－5 所示。

2）以外形和内孔分别作为校正基准和加工基准，工件无论是矩形、圆形还是其他异形，都应准备一个与其上、下平面保持垂直的校正基准，此时其中一个内孔可作为加工基准，如图 7－6 所示。在大多数情况下，外形基面在线切割加工前的机械加工中就已准备好了。工件淬硬后，若基面变形很小，稍加打光便可用线切割加工；若变形较大，则应当重新修磨基面。

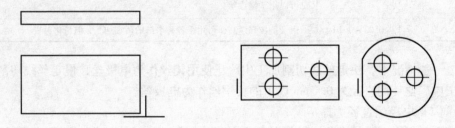

图 7－5　矩形工件校正与加工基准　　　图 7－6　外边一侧为校正基准，内孔为加工基准

另外，选择定位基准时需要注意以下几个问题：

①定位基准必须是精加工且精度较高的定位面；

②在整个加工过程中，各类基准尽量重合；

③各工序的定位基准与加工工艺基准尽量一致。

（3）穿丝孔直径及位置的确定

切割凸模类零件，为避免将坯件外形切断引起变形，通常在坯件内部外形附近预制穿丝孔。如图 7－7 为凸形零件有无穿丝孔比较。

切割凹模、孔类零件，可将穿丝孔选在待切型腔（孔）内部，当穿丝孔位置选在边角处时，切割过程中无用的轨迹最短；而穿丝孔位置选在已知坐标尺寸的交点处则有利于尺寸推算；因此，要根据具体情况选择穿丝孔的位置。穿丝孔大小要适宜，一般不宜太小，如果穿丝孔过小，不但钻孔难度增加，而且也不便

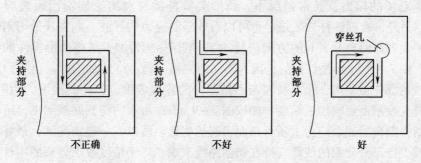

图7-7　切割凸形零件有无穿丝孔比较

于穿丝，太大则会增加钳工工艺上的难度，一般穿丝孔常用直径为 $\phi3 \sim 10\mathrm{mm}$。如果预制孔用车削等方法加工，则穿丝孔径也可大些。

（4）切割路线的确定

1）切割轨迹与工件轮廓的关系　工件的电火花线切割加工轨迹是尺寸均匀、宽窄不等的切缝，因此切割对象的轮廓尺寸与电极丝中心运动轨迹存在着尺寸差异，为使加工图形的轮廓尺寸满足图样设计要求，必须使电极丝中心运动轨迹偏离该尺寸一个固定值，这是由于电极丝的直径 d 和放电间隙的必然存在，使电极丝中心的运动轨迹与加工面相距 L，即 $L = d/2 + \delta$，如图7-8（a）所示。加工凸模类零件时，电极丝中心轨迹应放大 L 距离；同理，加工凹模类零件时，电极丝中心轨迹应缩小一个 L 距离，如图7-8（b）所示。

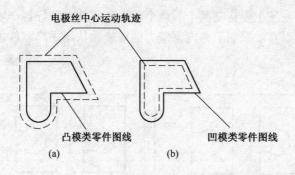

图7-8　电极丝中心运动轨迹与工件轮廓的关系

由于距离 L 的存在，线切割加工时，在工件的凹角（内拐角）处永远也不能加工成尖角，而只能加工成圆角。电极丝的半径和放电间隙越大，该拐角处的圆弧误差也越大。

2）切割路线的确定　在线切割中，工件内部应力的释放会引起工件的变形，为了限制内应力对加工精度的影响，应注意在加工凸形零件时尽可能从穿丝孔加工，不要直接从工件端面引入加工。在材料允许的情况下，凸形类零件的轮廓尽量远离毛坯的端面，通常情况下，凸形类零件的轮廓离毛坯端面距离应大于5mm。另外，合理选择加工路径也可以有效限制应力的释放，如在开始切割时电极丝的走向应沿离开夹具的方向进行加工，图7-9为加工某些凸形零件的切割线路，图7-9（a）是错误的，因为当切割完第一边，继续加工时，由于原来主要连接的部位被割离，余下材料与夹持部分的连接较少，工件的刚度大为降低，容易产生变形而影响加工精度。如按图7-9（b）所示的切割路线加工，可减少由于材料割离后残余应力重新分布而引起的变形。所以，一般情况下，最好将工件与其夹持部分分割的线段安排在切割路线末端。对于精度要求较高的零件，最好采用图7-9（c）所示的方案，电极丝不由坯件外部切入，而是将切割起始点取在坯件预制的穿丝孔中，这种方案可使工件的变形最小。

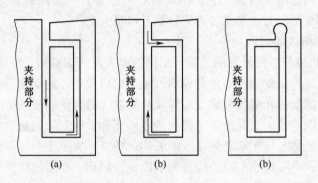

图7-9　切割路线的确定

如果在一个毛坯上要切割两个或两个以上的零件，最好每个零件都有相应的穿丝孔，这样可以有效限制工件内部应力的释放，从而提高零件的加工精度，如图7-10所示。

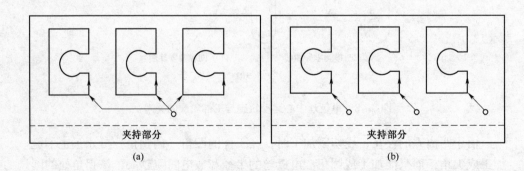

图7-10　多工件路线的确定
（a）不合理　　（b）合理

切割孔类零件时，为了减少变形，还可采用二次切割法，如图7-11所示。

第一次粗加工型孔，各边留余量 0.1 ～ 0.5mm，以补偿材料被切割后由于内应力重新分布而产生的变形，第二次切割为静加工，以便达到比较理想的效果。

另外，对于工件变形影响不突出的图形，则可按照图样的尺寸标注方向确定切割路线。工件在图样设计与绘制时，尺寸沿顺时针方向标注或沿逆时针方向标注。在实施轨迹控制的编程计算时，是否遵循设计图样的尺寸标注方向，其繁简程度差异很大。为简便计算，使切割路线服从图样的绘制方向与尺寸标注的方向最为有利。如图 7 - 12（a）标注方向有利于顺时针切割路线的计算；图 7 - 12（b）标注方向有利于逆时针切割路线的计算。

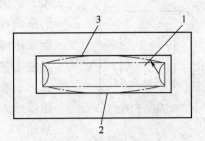

图 7 - 11　二次切割孔类零件
1—第一次切割的理论图形　2—第一次切割的实际图形　3—第二次切割的图形

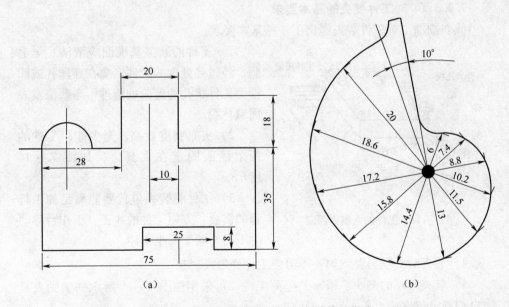

图 7 - 12　图样尺寸标注法对切割路线的影响

3）接合突尖的去除方法　由于电极丝直径与放电间隙的关系，在工件切割面的交接处，会出现一个高出加工表面的高线条，称之为突尖，如图 7 - 13 所示，这个突尖的大小决定于线径与放电间隙。在快走丝的加工中，用细电极丝加工，突尖一般很小，在慢速走丝加工中就比较大，必须将它去除。

7.2.2.3　工作液的选配
在电火花线切割中，可使用的工作液种类很多，有煤油、乳化液、去离子

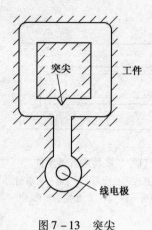

图 7-13　突尖

水、蒸馏水、洗涤剂、酒精溶液等，它们对工艺指标的影响各不相同，特别是对加工速度的影响较大。早期采用慢走丝方式，RC 电源时，多采用油类工作液。其他工艺条件相同时，油类工作液的切割速度相差不大，一般为 2~3mm/min，其中以煤油中加 30% 的变压器油为好，醇类工作液不及油类工作液能适应高切割速度。目前普遍使用去离子水。为了提高切割速度，在加工时还要加进有利于提高切割速度的导电液以增加工作液的电阻率。快走丝切割中，目前最常用的乳化液是由乳化油和工作介质配制（浓度为 5%~10%）而成的。工作介质可用自来水，也可用蒸馏水、高纯水和磁化水。

7.2.3　工件的装夹与位置校正

7.2.3.1　对工件装夹的基本要求

线切割加工对工件装夹提出了一些基本要求：

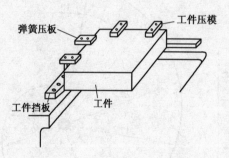

图 7-14　工件的两侧面固定

1）工件的装夹基准面应清洁、无毛刺，经过热处理的工件，要在穿丝孔或凹模类工件扩孔的台阶处清理干净残渣及表面氧化膜。

2）夹具精度要高，至少能用工件的两个侧面固定在夹具上，如图 7-14 所示。

3）工件的装夹位置要能满足加工行程的需要，方便工件的找正；工作台移动时不得与丝架发生干涉。

4）装夹时夹紧力要均匀，不得使工件变形或翘起。

5）装夹困难的细小、精密、壁薄工件，可采用如图 7-15 所示的辅助夹具或自切割定位方式。

7.2.3.2　高速走丝线切割加工工件的装夹特点

1）由于线切割的加工作用力小，不像金属切削机床要承受很大的切削力，因而装夹时夹紧力要求不大，导磁材料加工还可用磁性夹具夹紧。

2）高速走丝机工作液主要是依靠高速运行的电极丝带入切缝，不像低速走丝机那样要进行高压冲液，对切缝周围的材料余量没有要求，因此工件装夹比较方便。

3）线切割是一种贯通加工方法，因而工件装夹后被切割区域要悬空与工作

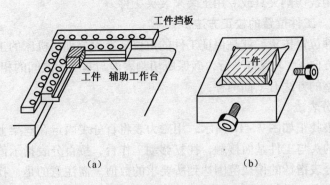

图 7 - 15　辅助工作台与辅助夹具

台的有效切割区域，一般采用悬臂式支撑或桥式支撑，如图 7 - 16 与图 7 - 17
所示。

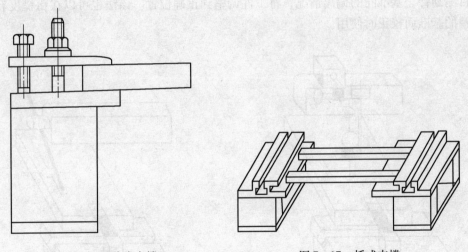

图 7 - 16　悬臂式支撑　　　　　　　图 7 - 17　桥式支撑

7.2.3.3　低速走丝线切割加工工件的装夹

因为低速走丝在加工中会用高压水冲走放电蚀除产物，高压水的压力比较
大，一般为 0.8~1.3MPa，有的机床甚至可达 2.0MPa。如果工件安装不稳，在
加工过程中，高压水会导致工件发生位移，最终影响加工精度，甚至切出的图形
不正确。在装夹工件时，应最少保证在工件两处用夹具压紧工件，见图 7 - 14
所示。

装夹工件时，要充分考虑机床各轴的限位位置，以确保所要切割的零件外形
在机床的有效行程范围之内，也要避免机床在移动或者加工的过程中与工件或者
夹具发生碰撞。

另外，根据工件形状大小不同，有时普通的压板可能无法进行装夹，就需要

考虑使用专用线切割夹具或专用工装来装夹工件。

7.2.3.4 工件位置的校正方法

所谓工件位置校正，就是保证工件的定位基准面分别与机床的工作台面及工作台的进给方向 X，Y 保持平行，确保所切割表面与基准面之间的相对位置精度，常用校正调整的方法有下面两种：

（1）百分表法

用百分表找正如图 7 – 18 所示，用磁力表将百分表固定在丝架上或其他位置上，百分表的头与工件基面接触，往复移动工作台，按百分表指示值调整工件位置，直至百分表指针的偏摆范围达到所要求的数值。需注意的是，找正应在相互垂直的三个方向上进行。

（2）划线法

工件待切割图形与定位基准相互位置要求不高时，可采用划线法找正（见图 7 – 19）。利用固定在丝架上的划针对正工件上划出的基准线，往复移动工作台，目测划针、基准间的偏离情况，将工件调整到正确位置。该法也可以在粗糙度较差的基准面校正时使用。

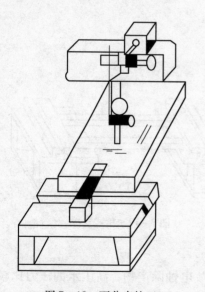

图 7 – 18　百分表校正

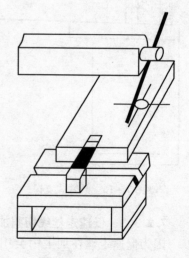

图 7 – 19　划线法校正

7.2.3.5 电极丝的位置校正

线切割前，应确定电极丝相对于工件基准面或基准孔的坐标位置，常用的方法有以下三种：

（1）目视法

如图 7 – 20 所示，利用穿丝孔处划出的十字线为基准，沿划线方向直接目测或借助于 2 ~ 8 倍的放大镜来观察电极丝与基准线的相对位置，根据两者的偏离情况调整移动工作台。当电极丝中心分别与纵、横方向基准线重合时，工作台纵、横方向的读数为电极丝中心的位置坐标值。

（2）火花法

如图 7 – 21 所示，火花法通过移动工作台，使工件的基准面逐渐靠近电极丝，利用电极丝与工件在一定间隙时发生火花放电的瞬时，记下拖板的相应坐标值来推算电极丝中心坐标。此法简便、易行，但因电极丝易抖动而会出现误差；放电还会损伤工件的基准面；同时，电极丝逐渐逼近基准面产生的放电间隙与正常切割产生的放电间隙不完全相同也会产生误差。

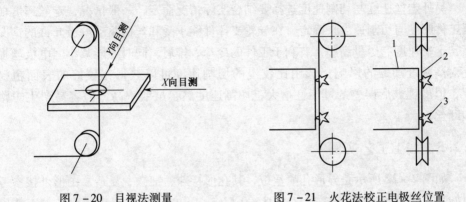

图 7 – 20　目视法测量　　　　　图 7 – 21　火花法校正电极丝位置

（3）自动找中心

电极丝找中心法（又称找中）是移动基准孔内的电极丝，比如向 X 正方向移动，当电极丝与孔壁接触时，电极丝便以该点为起点反向（X 负方向）移动直至电极丝与另一端的孔壁相接触，则孔的中心点坐标 $X0$ 必在这段距离（圆的弦）的中点，同理可找出 y 方向的中心点坐标 $y0$。$X0$、$y0$ 即为基准孔的中心点位置。

7.2.4　工艺参数的选择

线切割的工艺参数大致包括以脉冲电源为主的电参数，主要包括电极丝的张力及走丝速度，工作台的进给速度及工作液的电阻率（或浓度）、流量及压力大小等，其选用范围见表 7 – 3。

表 7 – 3　　　　　　　快走丝线切割加工脉冲参数的选择

应用	脉冲宽度 $t_i/\mu s$	电流峰值 I_e/A	脉冲间隔 $t_o/\mu s$	空载电压/V
快速切割或加工厚工件	20 ~ 40	>12	为实现稳定加工，一般选择 $t_o/t_i = 3 \sim 4$ 以上	一般为 70 ~ 90
半精加工 $Ra = 1.25 \sim 2.5\mu m$	6 ~ 20	6 ~ 12		
精加工 $Ra < 1.25\mu m$	2 ~ 6	<4.8		

线切割中，可改变的脉冲参数主要有电流峰值、脉冲宽度、脉冲间隔、空载电压、放电电流。要求获得较好的表面粗糙度时，所选少的电参数要小；若要求获得较高的切割速度，则脉冲参数要选大一些，但加工电流的大小受排屑条件及电极丝截面积的限制，过大的电流易引起断丝。一般通过试切割或按经验选择适当的脉冲参数；电极丝的张力对加工精度有一定影响，高精度加工应尽可能增大电极丝的张力，张力过大易导致导轮支撑件快速磨损或断丝，若加工精度不太高，切割速度较高，可适当减小电极丝张力，但电极丝张力过小会增大电极丝的振动或发生短路现象。

另外走丝速度与切割速度选择要结合实际情况而定，一般情况，走丝速度根据工件厚度与切割速度来确定，在导轮支撑件能承受和丝筒驱动电极允许的情况下，走丝速度应尽量高些，有利于工件的冷却、排屑，同时还能减小因电极丝损耗对高精度加工的影响；选用比较慢的切割速度可以获得比较好的表面粗糙度，但出现鼓形误差的可能性增大，切割速度高，虽效率高，但容易产生短路和断丝。

7.2.5 加工工艺实例

如图 7 - 22 所示是异形孔喷丝板，其孔形特殊、细微、复杂，图形外接参考圆的直径在 1mm 以下，缝宽为 0.08 ~ 0.1mm。孔的一致性要求很高，加工精度在 ± 0.005mm 以下，表面粗糙度小于 $Ra0.4\mu m$。喷丝板的材料是不锈钢

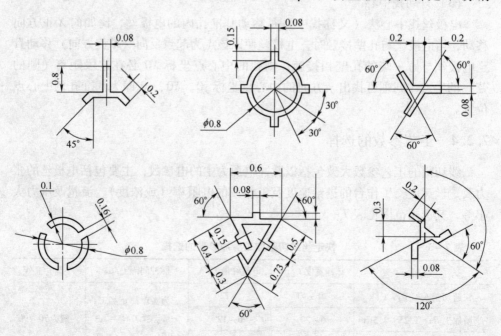

图 7 - 22 异形孔喷丝板

1Cr18Ni9Ti。在加工中，为了保证高精度和小表面粗糙度的要求，应采取以下措施：

1）加工穿丝孔 细小的穿丝孔是用细钼丝作电极在电火花成形机床上加工的，穿丝孔在异形孔中的位置要合理，一般选择在窄缝相交处，这样便于校正和加工。穿丝孔的垂直度要有一定的要求，在 0.5mm 高度内，穿丝孔孔壁与上下平面的垂直度应不大于 0.01mm，否则会影响电极丝与工件穿丝孔的正确定位。

2）保证一次加工成形 当电极丝进退轨迹重复时，应当切断脉冲电源，使异形孔各槽能一次加工成形，有利于保证缝宽的一致性。

3）选择电极丝直径 电极丝直径应根据异形孔缝宽来选定，通常采用直径为 0.035~0.10mm 的电极丝。

4）确定电极丝线速度 实践表明，对快速走丝线切割加工，当线速在 0.6m/s 以下时，加工不稳定；线速为 2m/s 时工作稳定性显著改善；线速提高到 3.4m/s 以上时，工艺效果变化不大，因此，目前线速常用 0.8~2.0m/s。

5）保持电极丝运动稳定 利用宝石限位器保持电极丝运动位置精确。

6）线切割加工参数选择 选择的参数如下：空载电压峰值为 55V；脉冲宽度 1.2μs；脉冲间隔为 4.4μs；平均加工电流为 100~120mA。采用快速走丝方式，走丝速度为 2m/s；电极丝为 φ0.05mm 的钼丝；工作液为油酸钾乳化液。

加工结果：表面粗糙度 $Ra0.4\mu m$，加工精度 ±0.005mm，均符合要求。

习题七

7-1 数控线切割加工有哪些特点？

7-2 数控线切割加工工艺的准备包括哪些内容？

7-3 数控线切割加工工艺路线的确定原则有哪些？

7-4 数控线切割加工的零件有何特点？

7-5 数控线切割加工图 7-23 所示零件，材料为 GCr15，试制订其数控线切割加工工艺。

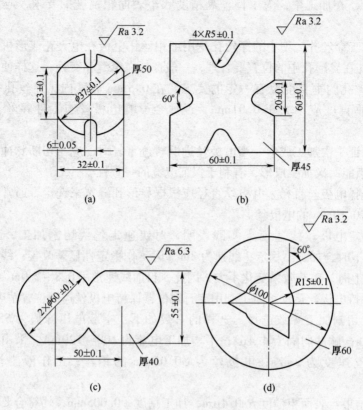

图 7 – 23　题 7 – 5 零件图

（a）（b）（c）凸模类零件　　（d）凹模类零件

第 8 章 数控加工工艺课程设计

8.1 概述

8.1.1 课程设计的目的、内容、要求与校核

数控加工工艺课程设计是数控技术方向的主要实践性教学环节，有助于学生在学完数控加工工艺与装备课程后，加深对刀具、夹具、机械加工工艺过程和数控加工工艺的进一步了解，是数控技术方向的重要实践性教学环节。

8.1.1.1 课程设计的目的

本课程旨在使学生掌握机械加工工艺的基本理论和数控加工工艺的基本知识，能够正确选用数控加工所用刀具和工艺装备，能够根据零件的特征编制一定复杂程度零件的数控加工工艺。培养学生严谨、踏实的学习态度，为今后解决生产现场数控加工工艺问题打好基础。

8.1.1.2 课程设计的内容

本课程的主要内容包括以下几个部分：完成相应零件的机械加工工艺过程、数控加工工序的工艺文件的编写和数控加工程序的编写及零件的数控加工。具体内容如下：

（1）工艺分析

1）熟悉零件的实际作用，分析研究零件的尺寸和结构；

2）审查并分析研究零件图的相关技术要求；

3）分析研究零件各加工表面的尺寸、形状及位置精度、表面粗糙度等要求；

4）分析研究零件的材料、热处理和机加工的工艺性。

（2）零件毛坯设计

1）选择零件的毛坯类型；

2）确定毛坯形状、尺寸；

3）确定毛坯的加工精度等级；

4）确定加工表面的总余量；

5）给定毛坯的技术要求。

（3）制订加工工艺路线

1）选择合理的定位基准；

2）确定各加工表面的加工方法及加工路线；

3）制订合理的工艺路线。

（4）工艺设计

1）确定加工余量；

2）计算工序尺寸；

3）选择机床及工艺装备；

4）确定切削用量。

（5）编写说明书

1）计算切削参数；

2）计算加工余量；

3）计算工时；

4）编写数控加工程序。

8.1.1.3 课程设计要求

（1）知识要求

1）掌握工艺文件的编写流程和方法；

2）掌握说明书的编写规范格式。

（2）能力要求

1）能选择合适的刀具、合理的切削用量；

2）能够根据加工要求确定工件定位方案；

3）能计算工序尺寸；

4）会编写数控加工工艺文件。

（3）素质要求

1）能够把理论知识与实例有机结合起来，培养学生的专业实践能力，实际动手能力，同时加深学生对专业知识的深入理解，特别有助于学生数控加工实际技能有明显提高；

2）通过知识教学的过程培养学生爱岗敬业与团队合作的基本素质。

8.1.1.4 课程设计的考核

课程设计的成绩按优、良、中、及格、不及格评定，相应标准见表 8-1。

表 8-1　　　　　　　　　　　　考核分级评定标准

等级	图样	和零件相对应参数和数控程序
优	工艺设计合理，图纸清晰，尺寸公差、标注符合国标。工艺卡卡片编制合理	参数的各项指标符合图样和工艺的要求。数控加工程序正确完整
良	工艺设计合理，图纸清晰，尺寸公差、标注比较符合国标。工艺卡卡片编制比较合理	参数的各项指标比较符合图样和工艺的要求。数控加工程序比较完整
中	工艺设计合理，图纸质量一般，尺寸公差、标注基本符合国标。工艺卡卡片编制基本合理	参数的各项指标基本符合图样和工艺的要求。数控加工程序八成完整

续表

等级	图样	和零件相对应参数和数控程序
及格	工艺设计一般，图纸质量一般，尺寸公差、标注基本符合国标。工艺卡卡片编制基本合理	参数的各项指标基本符合图样和工艺的要求。数控加工程序六成完整
不及格	工艺设计不合理，图纸质量差，尺寸公差、标注很少符合国标。工艺卡卡片编制不合理	参数的各项指标不符合图样和工艺的要求。数控加工程序不完整

8.1.2 课程设计任务书、说明书示例

（1）课程设计任务书示例

数控加工工艺课程设计（论文）任务书
题目"右端盖"零件加工工艺设计（生产纲领：500件）

一、课程设计（论文）的要求和内容（包括原始数据、技术要求、工作条件）

根据零件图的要求，完成相应零件的机械加工工艺过程、数控加工工序的工艺文件的编写和数控加工程序的编写及零件的数控加工。生产纲领：500件，零件图如下所示：

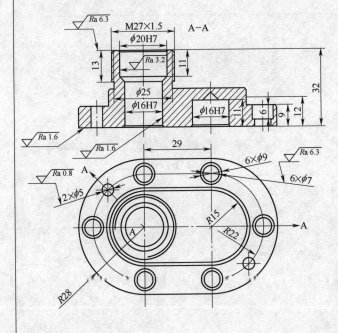

技术要求

1. 铸件应经过时效处理。
2. 未注圆角 R1~R3。
3. 盲孔 $\phi16H7$ 可先钻孔后再经过切削加工制成，但是不能钻穿。

右端盖		比例	1:1
		件数	1
制图		重量	HT200
设计			
审核			

二、课程设计图纸内容及张数、计算说明书内容及页数、或课程论文内容及页数，其他必要说明

    1. 零件图　　A3　　1张

    2. 毛坯图　　A3　　1张

    3. 制订工艺规程并填写工艺文件

    4. 编写完整的数控加工程序

    5. 说明书　　1份

三、课程设计（论文）进度计划

    课程设计时间为7天，具体阶段如下：

    1. 熟悉零件图，查阅和准备相关资料，约一天

    2. 绘制零件图和毛坯图（装夹简图），约两天

    3. 制定工艺规程，约两天

    4. 撰写说明书，约两天

四、主要参考资料

    1. 罗春华. 数控加工工艺简明教程. 北京：北京理工大学出版社，2007.

    2. 周世学. 机械制造工艺与夹具. 北京：北京理工大学出版社，2006.

    3. 李益民. 机械制造工艺设计简明手册. 北京：机械工业出版社，1999.

五、指导教师评语和成绩

成　　绩＿＿＿＿＿＿＿＿＿

指导教师＿＿＿＿＿＿＿＿＿

六、学生课程设计（论文）心得体会

（2）课程设计说明书示例

数控加工工艺课程设计（论文）说明书

题目"右端盖"零件加工工艺设计（生产纲领：500 件）

学　　院＿＿＿＿＿＿＿＿＿＿＿＿＿＿＿＿＿

专　　业＿＿＿＿＿＿＿＿＿＿＿＿＿＿＿＿＿

班　　级＿＿＿＿＿＿＿＿＿＿＿＿＿＿＿＿＿

学　　号＿＿＿＿＿＿＿＿＿＿＿＿＿＿＿＿＿

学生姓名＿＿＿＿＿＿＿＿＿＿＿＿＿＿＿＿＿

指导教师＿＿＿＿＿＿＿＿＿＿＿＿＿＿＿＿＿

年　　月　　日

填表说明

1）课程设计（论文）书内容由学生填写，由指导教师审定。

2）课程设计（论文）完成后，与课程设计图纸（论文）、计算书（调研报告）等用专用文件袋装齐后亲自交给指导教师，待指导教师确认资料完整后方可。

3）课程设计（论文）完成后，由指导教师评阅，签署评语，并评定学生成绩。

8.2　数控加工工艺设计步骤

在数控机床上加工零件时，要把被加工的全部工艺过程、工艺参数等编制成程序，整个加工过程是自动进行的。因此程序编制前的工艺分析是一项十分重要的工作，其目的是以最合理或较合理的工艺过程和操作方法，指导编程和操作人员完成程序编制和加工任务。主要内容包括：零件的工艺性分析；加工方法的选择与加工方案的确定；工序与工步的划分；切削用量的选择；进给路线的确定与加工顺序的安排；对刀点与换刀点的确定等。

8.2.1 零件图的工艺性分析

零件图的工艺性分析包括零件图分析与结构工艺性分析两部分内容。

（1）零件图的分析

首先应熟悉零件在产品中的作用、位置、装配关系和工作条件，搞清楚各项技术要求对零件装配质量和使用性能的影响，找出主要的和关键的技术要求，然后对零件图样进行分析。

1）尺寸标注方法分析 零件图上尺寸标注方法应适应数控加工的特点，如图8-1（a）所示，在数控加工零件图上，应以同一基准标注尺寸或直接给出坐标尺寸。这种标注方法既便于编程，又有利于设计基准、工艺基准、测量基准和编程原点的统一。由于零件设计人员一般在尺寸标注中较多地考虑装配等使用方面特性，而不得不采用如图8-1（b）所示的局部分散的标注方法，这样就给工序安排和数控加工带来诸多不便。由于数控加工精度和重复定位精度都很高，不会因产生较大的累积误差而破坏零件的使用特性，因此，可将局部的分散标注法改为同一基准标注或直接给出坐标尺寸的标注法。

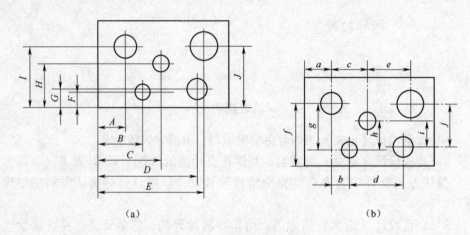

图8-1 零件尺寸标注分析

2）零件图的完整性与正确性分析 构成零件轮廓的几何元素（点、线、面）的条件（如相切、相交、垂直和平行等）是数控编程的重要依据。手工编程时，要依据这些条件计算每一个节点的坐标；自动编程时，则要根据这些条件才能对构成零件的所有几何元素进行定义，无论哪一条件不明确，编程都无法进行。因此在分析零件图样时，务必要分析几何元素的给定条件是否充分，发现问题及时与设计人员协商解决。

3）零件技术要求分析 零件的技术要求主要是指尺寸精度、形状精度、位置精度、表面粗糙度及热处理等。只有在分析这些要求的基础上，才能正确合理地选择加工方法、装夹方式、刀具及切削用量等。

4）零件材料分析　在满足零件功能的前提下，应选用廉价、切削性能好的材料。而且，材料选择应立足国内，不要轻易选用贵重或紧缺的材料。

（2）零件的结构工艺性分析

零件的结构工艺性是指所设计的零件在满足使用要求的前提下制造的可行性和经济性，良好的结构工艺性可以使零件加工容易，节省工时和材料。而较差的零件结构工艺性会使加工困难，浪费工时和材料，有时甚至无法加工。因此，零件各加工部位的结构工艺性应符合数控加工的特点。

1）零件的内腔和外形最好采用统一的几何类型和尺寸，这样可以减少刀具规格和换刀次数，使编程方便，提高生产效率。

2）内槽圆角的大小决定着刀具直径的大小，所以内槽圆角半径不应太小。对于图 8 - 2 所示零件，其结构工艺性的好坏与被加工轮廓的高低、转角圆弧半径的大小等因素有关。图 8 - 2（b）与图 8 - 2（a）相比，转角圆弧半径大，可以采用较大直径的立铣刀来加工；加工平面时，进给次数也相应减少，表面加工质量也会好一些，因而工艺性较好。通常 $R < 0.2H$ 时，可以判定零件该部位的工艺性不好。

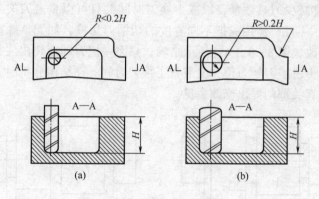

图 8 - 2　内槽结构工艺性对比

3）零件铣槽底平面时，槽底圆角半径 r 不要过大。如图 8 - 3 所示，铣刀端面刃与铣削平面的最大接触直径 $d = D - 2r$（D 为铣刀直径），当 D 一定时，r 越大，铣刀端面刃铣削平面的面积越小，加工平面的能力就越差，效率越低，工艺性也越差。当大到一定程度时，甚至必须用球头铣刀加工，这是应该尽量避免的。

4）应采用统一的基准定位，在数控加工中若没有统一的定位基准，则会因工件的二次装夹而造成加工后两个面上的轮廓位置及尺寸不协调现象。另外，零件上最好有合适的孔作为定位基准孔。若没有，则应设置工艺孔作为定位基准孔。若无法制出工艺孔，最起码也要用精加工表面作为统一基准，以减少二次装夹产生的误差。

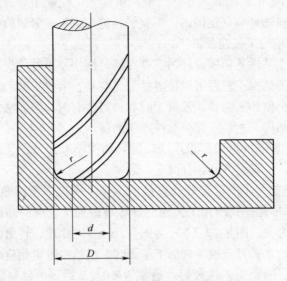

图 8 - 3　零件槽底平面圆弧

5）尽可能减少刀具数量，以减少换刀时间并且可以少占刀架刀位。例如图 8 - 4（a）所示零件，需用三把不同宽度的切槽刀切槽，如无特殊需要，显然是不合理的。若改成图 8 - 4（b）所示结构，只需一把刀即可切出三个槽，不仅减少刀具数量，少占了刀架刀位，又节省了换刀时间。在结构分析时若发现问题应向设计人员或有关部门提出修改意见。

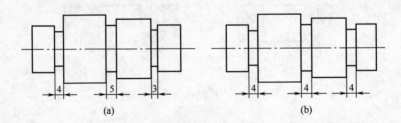

图 8 - 4　结构工艺性分析

8.2.2　加工方法的选择

机械零件的结构形状是多种多样的，但它们都是由平面、外圆柱面、内圆柱面或曲面、成形面等基本表面组成的。每一种表面都有多种加工方法，具体选择时应根据零件的加工精度、表面粗糙度、材料、结构形状、尺寸及生产类型等因素，选用相应的加工方法和加工方案。

8.2.2.1　外圆表面加工方法的选择

外圆表面的主要加工方法是车削和磨削。当表面粗糙度要求较高时，还要经光整加工。外圆表面的加工方案如图 8－5 所示。

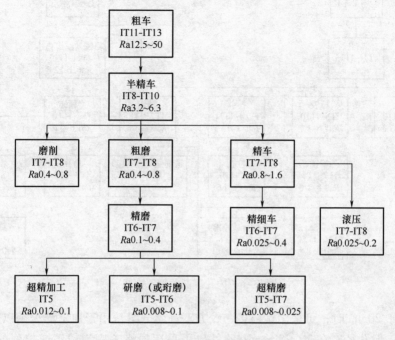

图 8－5　外圆表面加工方案

1）最终工序为车削的加工方案，适用于除淬火钢以外的各种金属。

2）最终工序为磨削的加工方案，适用于淬火钢、未淬火钢和铸铁，不适用于有色金属，因为有色金属韧性大，磨削时易堵塞砂轮。

3）最终工序为精细车或金刚车的加工方案，适用于要求较高的有色金属的精加工。

4）最终工序为光整加工，如研磨、超精磨及超精加工等，为提高生产效率和加工质量，一般在光整加工前进行精磨。

5）尺寸精度要求不高的外圆，可采用滚压或抛光。

8.2.2.2　内孔表面加工方法的选择

（1）内孔表面加工方法选择原则

内孔表面加工方法有钻孔、扩孔、铰孔、镗孔、拉孔、磨孔和光整加工。图 8－6 是常用的孔加工方案，应根据被加工孔的加工要求、尺寸、具体生产条件、批量的大小及毛坯上有无预制孔等情况合理选用。

1）加工精度为 IT9 级的孔。当孔径小于 10mm 时，可采用钻→铰方案；当孔径小于 30mm 时，可采用钻→扩方案；当孔径大于 30mm 时，可采用钻→镗方案。工件材料为淬火钢以外的各种金属。

2）加工精度为 IT8 级的孔。当孔径小于 20mm 时，可采用钻→铰方案；当

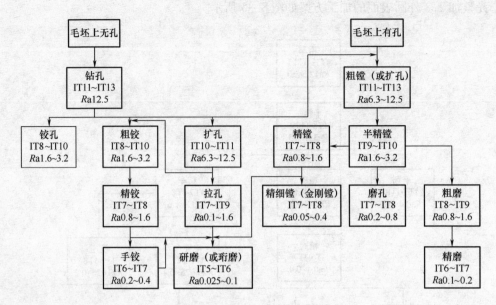

图 8 - 6　内孔表面的加工方案

孔径大于 20mm 时，可采用钻→扩→铰方案，此方案适用于加工淬火钢以外的各种金属，但孔径应在 20 ~ 80mm，此外也可采用最终工序为精镗或拉削的方案。淬火则可采用磨削加工。

3）加工精度为 IT7 级的孔。当孔径小于 12mm，可采用钻→粗铰→精铰方案；当孔径在 12 ~ 60mm 时，可采用钻→扩→粗镗→精镗方案或钻→扩→拉方案。若毛坯上已铸出或锻出孔，可采用粗镗→半精镗→精镗方案或粗镗→半精镗→磨孔方案。最终工序为铰孔，适用于未淬火钢或铸铁，对有色金属铰出的孔表面粗糙度较大，常用精细镗孔替代铰孔。最终工序为拉孔的方案适用于大批量生产，工件材料为未淬火钢、铸铁和有色金属。最终工序为磨孔的方案适用于加工除硬度低、韧性大的有色金属以外的淬火钢、未淬火钢及铸铁。

4）加工精度为 IT6 级的孔。最终工序采用手铰、精细镗、研磨或珩磨等均能达到，视具体情况选择。韧性较大的有色金属不宜采用不磨，可采用研磨或精细镗。研磨对大、小直径孔均适用，而不磨只适用于大直径孔的加工。

（2）内孔表面加工方法选择实例

如图 8 - 7 所示零件，要加工内孔 φ40H7 阶梯孔、φ13、φ40 和 φ22 三种不同规格和精度要求的孔，零件材料为 HT200。φ40 内孔的尺寸公差 H7，表面粗糙度要求较高，根据图 8 - 6 所示孔加工方案，可选择钻孔→粗镗（或扩孔）→半精镗→精镗方案。阶梯孔 φ13 和 φ22 没有尺寸公差要求，可按自由尺寸公差 IT11 ~ IT12 处理，表面粗糙度要求不高，因而可选择钻孔→锪孔方案。

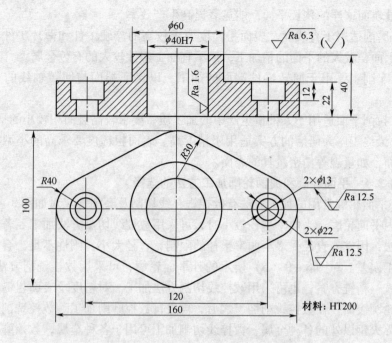

图 8 - 7　典型零件孔加工方法选择

8.2.2.3　平面加工方法的选择

平面的主要加工方法有铣削、刨削、磨削或拉削等，精度要求高的平面还需要经研磨或刮削加工。常见平面加工方式如图 8 - 8 所示，其中尺寸公差等级指平行平面之间距离尺寸的公差等级。

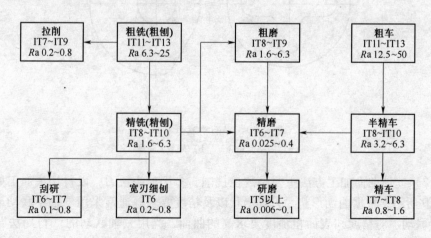

图 8 - 8　常见平面加工方案

1）最终工序为刮研的加工方案多用于单件小批生产中配合表面要求高且非淬硬平面的加工。当批量较大时，可用宽刃细刨代替刮研，宽刃细刨特别适用于加工像导轨面这样的狭长平面，能显著提高生产效率。

2）磨削适用于直线度及表面粗糙度要求较高的淬硬工件和薄片工件、未淬硬钢件上面积较大的平面的精加工，但不宜加工塑性较大的有色金属。

3）车削主要用于回转零件端面的加工，以保证端面与回转轴线的垂直度要求。

4）拉削平面适用于大批量生产中的加工质量要求较高且面积较小的平面。

5）最终工序为研磨的方案适用于精度高、表面粗糙度要求高的小型零件的精密平面，如量规等精密量具的表面。

8.2.2.4　平面轮廓和曲面轮廓加工方法的选择

1）平面轮廓常用的加工方法有数控铣、线切割及磨削等。对如图 8 - 9（a）所示的内平面轮廓，当曲率半径较小时，可采用数控线切割方法加工。若选择铣削的方法，因铣刀直径受最小曲率半径的限制，直径太小，刚性不足，会产生较大的加工误差。对图 8 - 9（b）所示的外平面轮廓，可采用数控铣削方法加工，常用粗铣→精铣方案，也可采用数控线切割方法加工。对精度及表面粗糙度要求较高的轮廓表面，在数控铣削加工之后，再进行数控磨削加工。数控铣削加工适用于除淬火钢以外的各种金属，数控线切割加工可用于各种金属，数控磨削加工适用于除有色金属以外的各种金属。

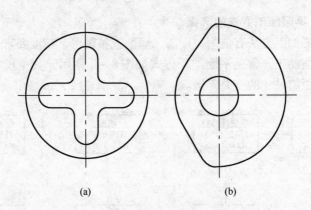

图 8 - 9　平面轮廓类零件

（a）内平面轮廓　（b）外平面轮廓

2）立体曲面加工方法主要是数控铣削，多用球头铣刀，以行切法加工如图 8 - 10 所示，根据曲面形状、刀具形状以及精度要求等通常采用二轴半联动或三轴半联动。对精度和表面粗糙度要求高的曲面，当用三轴联动的"行切法"加工不能满足要求时，可用模具铣刀，选择四坐标或五坐标联动加工。

表面加工的方法选择，除了考虑加工质量、零件的结构形状和尺寸、零件的材料和硬度以及生产类型外，还要考虑加工的经济性。

各种表面加工方法所能达到的精度和表面粗糙度都有一个相当大的范围。当

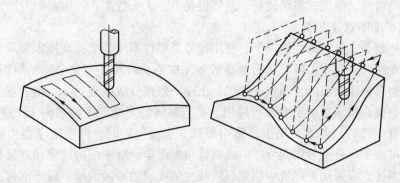

图 8 - 10　曲面行切法加工

精度达到一定程度后，要继续提高精度，成本会急剧上升。例如外圆车削，将精度从 IT7 级提高到 IT6 级，此时需要价格较高的金刚石车刀，很小的背吃刀量和进给量，增加了刀具费用，延长加工时间，同时原来使用的加工机床的精度无法满足要求，需要更高精度的机床。对于同一表面加工，采用的加工方法不同，加工成本也不一样。例如，公差为 IT7 级、表面粗糙度 Ra 值为 0.4μm 的外圆表面，采用精车就不如采用磨削经济。

任何一种加工方法获得的精度只在一定范围内才是经济的，这种一定范围内的加工精度即为该加工方法的经济精度。它是指在正常加工条件下（采用符合质量标准的设备、工艺装备和标准等级的工人，不延长加工时间）所能达到的加工精度，相应的表面粗糙度称为经济粗糙度。在选择加工方法时，应根据工件的精度要求选择与经济精度相适应的加工方法。常用加工方法的经济精度及表面粗糙度，可查阅有关工艺手册。

8.2.3　工序的划分

（1）工序划分的原则

工序的划分可以采用两种不同原则，即工序集中原则和工序分散原则。

1）工序集中原则　　工序集中原则是指每道工序包括尽可能多的加工内容，从而使工序的总数减少。采用工序集中原则的优点是：有利于采用高效的专用设备和数控机床，提高生产效率；减少工序数目，缩短工艺路线，简化生产计划和生产组织工作；减少机床数量、操作工人数和占地面积；减少工件装夹次数，不仅保证了各加工表面间的相互位置精度，而且减少了夹具数量和装夹工件的辅助时间。但专用设备和工艺装备投资大、调整维修比较麻烦、生产准备周期较长，不利于转产。

2）工序分散原则　　工序分散就是将工件的加工分散在较多的工序内进行，每道工序的加工内容很少。采用工序分散原则的优点是：加工设备和工艺装备结构简单，调整和维修方便，操作简单，转产容易；有利于选择合理的切削用量，减少机动时间。但工艺路线较长，所需设备及工人人数多，占地面积大。

（2）工序划分方法

工序划分主要考虑生产纲领、所用设备及零件本身的结构和技术要求等。大批量生产时，若使用多轴、多刀的高效加工中心，可按工序集中原则组织生产；若在由组合机床组成的自动线上加工，工序一般按分散原则划分。随着现代数控技术的发展，特别是加工中心的应用，工艺路线的安排更多地趋向于工序集中。单件小批生产时，通常采用工序集中原则。成批生产时，可按工序集中原则划分，也可按工序分散原则划分，应视具体情况而定。对于结构尺寸和重量都很大的重型零件，应采用工序集中原则，以减少装夹次数和运输量；对于刚性差、精度高的零件，应按工序分散原则划分工序。

在数控机床上加工的零件，一般按工序集中原则划分工序，划分方法如下。

1）按所用刀具划分　以同一把刀具完成的那一部分工艺过程为一道工序，这种方法适用于工件的待加工表面较多，机床连续工作时间过长，加工程序的编制和检查难度较大等情况。加工中心常用这种方法划分。

2）按安装次数划分　以一次安装完成的那一部分工艺过程为一道工序。这种方法适用于工件的加工内容不多的工件，加工完成后就能达到待检状态。

3）按粗、精加工划分　以粗加工中完成的那一部分工艺过程为一道工序，精加工完成的那一部分工艺过程为一道工序。这种划分方法适用于加工后变形较大，需粗、精加工分开的零件，如毛坯为铸件、焊接件或锻件。

4）按加工部位划分　以完成相同型面的那一部分工艺过程为一道工序，对于加工表面多而复杂的零件，可按其结构待点（如内形、外形、曲面和平面等）划分成多道工序。

8.2.4　定位与夹紧方式的确定

正确、合理地选择工件的定位与夹紧方式，是保证加工精度的必要条件。工件定位基准的选择与夹紧方案的确定，详见有关工件安装和数控机床夹具的选择。此外，还应该注意下列三点。

1）力求设计基准、工艺基准与编程原点统一，以减少基准不重合误差和数控编程中的计算工作量。

2）设法减少装夹次数，尽可能做到一次定位装夹后能加工出工件上全部或大部分待加工表面，以减少装夹误差，提高加工表面之间的相互位置精度，充分发挥数控机床的效率。

3）避免采用占机人工调整式方案，以免占机时间太多，影响加工效率。

8.2.5　加工顺序的安排

在选定加工方法、划分工序后，接下来要做的主要内容就是合理安排这些加工方法和加工工序的顺序。零件的加工工序通常包括切削加工工序、热处理工序和辅助工序（包括表面处理、清洗和检验等），这些工序的顺序直接影响到零件的加工质量、生产效率和加工成本。下面重点介绍切削加工工序的顺序安排需要遵循的原则。

1）基面先行原则　用作精基准的表面应优先加工出来，因为定位基准的表面越精确，装夹误差就越小。例如轴类零件加工时，总是先加工中心孔，再以中心孔为精基准加工外圆表面和端面。又如箱体类零件总是先加工定位用的平面和两个定位孔，再以平面和定位孔为精基准加工孔系和其他平面。

2）先粗后精原则　各个表面的加工顺序按照粗加工→半精加工→精加工→光整加工的顺序依次进行，逐步提高表面的加工精度和减小表面粗糙度。

3）先主后次原则　零件的主要工作表面、装配基面应先加工，从而能及早发现毛坯中主要表面可能出现的缺陷。次要表面可穿插进行，放在主要加工表面加工到一定程度后、最终精加工之前进行。

4）先面后孔原则　对箱体、支架类零件，平面轮廓尺寸较大，一般先加工平面，再加工孔和其他尺寸。这样安排加工顺序，一方面用加工过的平面定位，稳定可靠，另一方面在加工过的平面上加工孔，比较容易，并能提高孔的加工精度，特别是钻孔，孔的轴线不易偏斜。

5）先近后远原则　在一般情况下，离对刀点近的部位先加工，离对刀点远的部位后加工，以便缩短刀具移动距离，减少空行程时间。对于车削而言，先近后远还有利于保持坯件或半成品的刚性，改善其切削条件。例如加工图 8 - 11 所示零件。当第一刀吃刀量未超限时，应该按 $\phi34→\phi36→\phi38$ 的次序先近后远地安排车削顺序。

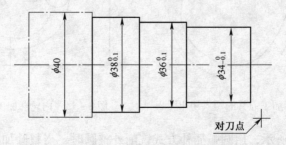

图 8 - 11　先近后远示例

8.2.6　确定走刀路线与工步顺序

走刀路线是刀具在整个加工工序中相对于工件的运动轨迹，它不但包括了工步内容，而且也反映出工步的顺序。走刀路线是编写程序依据之一。因此，在确定走刀路线时最好画一张工序简图，将已经拟定出的走刀路线画上去（包括进、退刀路线），这样可为编程带来不少方便。

工步顺序是指同一道工序中，各个表面加工的先后次序。它对零件的加工质量、加工效率和数控加工中的走刀路线有直接影响，应根据零件的结构特点和工序的加工要求等合理安排。工步的划分与安排一般可随走刀路线来进行，在确定走刀路线时，主要遵循以下原则。

1）应能保证零件的加工精度和表面粗糙度要求　如图 8 - 12 所示，当铣削平面零件外轮廓时，一般采用立铣刀侧刃切削。刀具切入工件时，应避免沿零件外廓的法向切入，而应沿外廓曲线延长线的切向切入，以避免在切入处产生刀具的刻痕而影响表面质量，保证零件外廓曲线平滑过渡。同理，在切离工件时，也应避免在工件的轮廓处直接退刀，而应该沿零件轮廓延长线的切向逐渐切离工件。

铣削封闭的内轮廓表面时，若内轮廓曲线允许外延，则应沿切线方向切入切出。若内轮廓曲线不允许外延（图 8 - 13），刀具只能沿内轮廓曲线的法向切入切出，此时刀具的切入切出点应尽量选在内轮廓曲线两几何元素的交点处。当内部几何元素相切无交点时（图 8 - 14），为防止刀具施加刀偏时内轮廓拐角处留下凹口 ［图 8 - 14（a）］，刀具切入切出点应远离拐角 ［图 8 - 14（b）］。

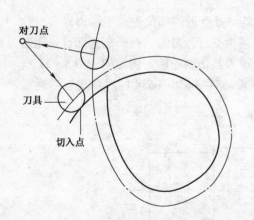

图 8 - 12　外轮廓加工刀具的切入切出

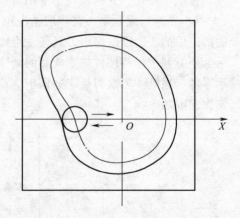

图 8 - 13　内轮廓加工刀具的切入切出

如图 8 - 15 所示，用圆弧插补方式铣削外整圆时，当整圆加工完毕后，不要在切点处直接退刀，而应让刀具沿切线方向多运动一段距离，以免取消刀补时，刀具与工件表面相碰，造成工件报废。铣削内圆弧时也要遵循从切向切入的原则，最好安排从圆弧过渡到圆弧的加工路线（图 8 - 16），这样可以提高内孔表面的加工精度和加工质量。

对于孔位置精度要求较高的零件，在精镗孔系时，镗孔路线一定要注意各孔的定位方向一致，即采用单向趋近定位点的方法，以避免传动系统反向间隙误差或测量系统误差对定位精度的影响。例如图 8 - 17（a）所示的孔系加工路线，

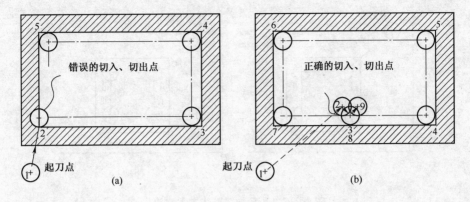

图 8 – 14　无交点内轮廓加工刀具的切入切出

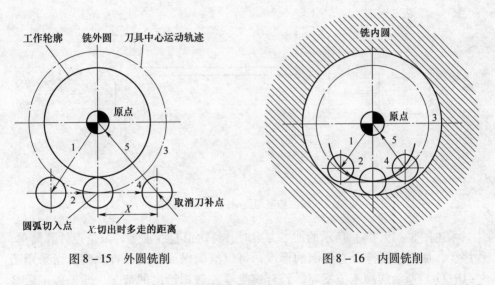

图 8 – 15　外圆铣削　　　　　　　图 8 – 16　内圆铣削

在加工孔 IV 时，X 方向的反向间隙将会影响 III、IV 两孔的孔距精度；如果改为图 8 – 17（b）所示的加工路线，可使各孔的定位方向一致从而提高了孔距精度。

在数控车床上车螺纹时，沿螺距方向的 Z 向进给应和车床主轴的旋转保持严格的速比关系，因此应避免在进给机构加速或减速的过程中切削。为此要有引入距离和超越距离。如图 8 – 18 所示，和的数值与车床拖动系统的动态特性、螺纹的螺距和精度有关。一般为 2～5mm，对大螺距和高精度的螺纹取大值；一般取1/4 左右。若螺纹收尾处没有退刀槽时，收尾处的形状与数控系统有关，一般按45°退刀收尾。

铣削曲面时，常用球头刀采用行切法进行加工。所谓行切法是指刀具与零件轮廓的切点轨迹是一行一行的，而行间的距离是按零件加工精度的要求确定的。对于边界敞开的曲面加工，可采用两种走刀路线。如图 8 – 19 所示发动机大叶

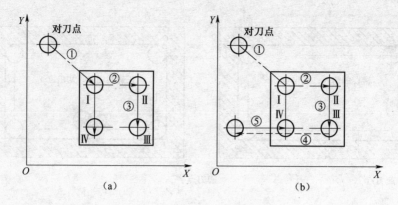

图 8-17　孔系加工路线方案比较

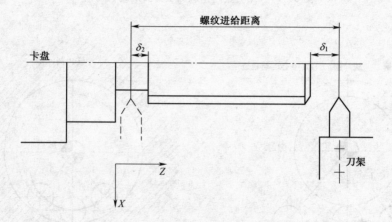

图 8-18　切削螺纹时引入/超越距离

片，采用图 8-19（a）所示的加工方案时，每次沿直线加工，刀位点计算简单，程序少，加工过程符合直纹面的形成，可以准确保证母线的直线度。当采用图 8-19（b）所示的加工方案时，符合这类零件数据给出的情况，便于加工后检验，叶形的准确度较高，但程序较多。由于曲面零件的边界是敞开的，没有其他

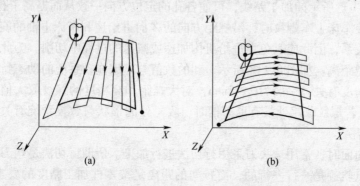

图 8-19　曲面加工的走刀路线

表面限制，所以边界曲面可以延伸，球头刀应由边界外开始加工。

图8－20（a）、（b）分别为用行切法加工和环切法加工凹槽的走刀路线；图8－20（c）为先用行切法，最后环切一刀光整轮廓表面。三种方案中，图8－20（a）方案最差，图8－20（c）方案最好。

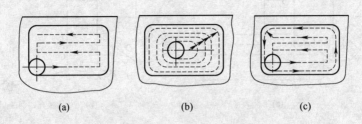

图8－20　凹槽加工走刀路线

此外，轮廓加工中应避免进给停顿。因为加工过程中的切削力会使工艺系统产生弹性变形并处于相对平衡状态，进给停顿时，切削力突然减小，会改变系统的平衡状态，刀具会在进给停顿处的零件轮廓上留下刻痕。

为提高工件表面的精度和减小粗糙度，可以采用多次走刀的方法，精加工余量一般以0.2~0.5mm为宜。而且精铣时宜采用顺铣，以减小零件被加工表面粗糙度的值。

2）应使走刀路线最短，减少刀具空行程时间或切削进给时间，提高加工效率　图8－21是正确选择钻孔路线的例子。按照一般习惯，总是先加工均布于同一圆周上的八个孔，再加工另一圆周上的孔，如图8－21（a）所示。但是对点位控制的数控机床而言，要求定位精度高，定位过程尽可能快，因此这类机床应按空行程最短来安排走刀路线，如图8－21（b）所示，以节省加工时间。

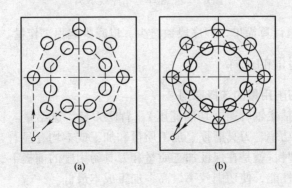

图8－21　钻孔加工最短路线选择

图8－22为采用矩形循环方式进行粗车的进给路线。考虑精车换刀方便，换刀点设在距离坯件较远的地方。图8－22（a）中换刀点A与起刀点重合，图8－

22（b）中起刀点 B 与换刀点 A 分离。在相同的背吃刀量下，按图8-22（b）方式加工，刀具空行程时间比图8-22（a）短。

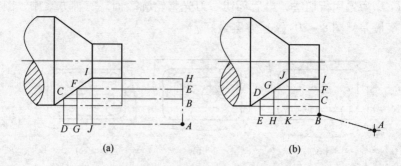

图8-22　粗车矩形循环进给路线

图8-23给出三种不同的粗车切削进给路线图。其中图8-23（a）是利用数控系统具有的封闭式复合循环功能控制车刀沿着工件轮廓进行进给的路线，刀具切削总行程最长，一般只用于单件小批量生产；图8-23（b）为三角形固定循环进给路线；图8-23（c）矩形循环进给路线最短。因此在同等切削条件下，图8-23（c）的切削时间最短，刀具损耗最少，适用于大批量生产。

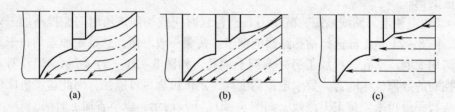

图8-23　粗车进给路线示例

3）应使数值计算简单，程序段数量少，以减少编程工作量。

8.2.7　切削用量的选择

8.2.7.1　切削用量的选择原则

切削用量包括主轴转速（切削速度）、背吃刀量、进给量。切削用量的大小对切削力、切削功率、刀具磨损、加工质量和加工成本均有显著影响。数控加工中选择切削用量时，就是在保证加工质量和刀具耐用度的前提下，充分发挥机床性能和刀具切削性能，使切削效率最高，加工成本最低。

自动换刀数控机床往主轴或刀库上装刀所需时间较多，所以选择切削用量要保证刀具加工完一个零件，或保证刀具耐用度不低于一个工作班，最少不低于半个工作班。对易损坏刀具可采用姐妹刀形式，以保证加工的连续性。

粗、精加工时切削用量的选择原则如下：

1）粗加工时切削用量的选择原则首先选取尽可能大的背吃刀量；其次要根据机床动力和刚性的限制条件等，选取尽可能大的进给量；最后根据刀具耐用度确定最佳的切削速度。

2）精加工时切削用量的选择原则首先根据粗加工后的余量确定背吃刀量；其次根据已加工表面的粗糙度要求，选取较小的进给量；最后在保证刀具耐用度的前提下，尽可能选取较高的切削速度。

8.2.7.2　切削用量的选择方法

（1）背吃刀量 a_p（mm）的选择

背吃刀量的选择应根据加工余量确定。粗加工（$Ra = 10 \sim 80 \mu m$）时，一次进给应尽可能切除全部余量。在中等功率机床上，背吃刀量可达 $8 \sim 10mm$。半精加工（$Ra = 1.25 \sim 10 \mu m$）时，背吃刀量取为 $0.5 \sim 2mm$。精加工（$Ra = 0.32 \sim 1.25 \mu m$）时，背吃刀量取为 $0.2 \sim 0.4mm$。

在工艺系统刚性不足或毛坯余量很大，或余量不均匀时，粗加工要分几次进给，并且应当把第一、二次进给的背吃刀量尽量取得大一些。

（2）进给量（进给速度）f（mm/min 或 mm/r）的选择

进给量（进给速度）是数控机床切削用量中的重要参数，根据零件的表面粗糙度、加工精度要求、刀具及工件材料等因素，参考切削用量手册选取。对于多齿刀具，其进给速度刀具转速 n、刀具齿数 z 及每齿进给量的关系为

$$v_f = fn = f_z zn \qquad\qquad (8-1)$$

粗加工时，由于对工件表面质量没有太高的要求，这时主要考虑机床进给机构的强度和刚性及刀杆的强度和刚性等限制因素，可根据加工材料、刀杆尺寸、工件直径及已确定的背吃刀量来选择进给量。

在半精加工和精加工时，则按表面粗糙度要求，根据工件材料、刀尖圆弧半径、切削速度来选择进给量。如精铣时可取 $20 \sim 25mm/min$，精车时可取 $0.10 \sim 0.20mm/r$。

最大进给量受机床刚度和进给系统的性能限制。在选择进给量时，还应注意零件加工中的某些特殊因素。比如在轮廓加工中，选择进给量时，应考虑轮廓拐角处的超程问题。特别是在拐角较大、进给速度较高时，应在接近拐角处适当降低进给速度，在拐角后逐渐升速，以保证加工精度。

以加工图 8-24 所示零件为例。铣刀由 A 点运动到 B 点，再由 B 点运动到 C 点，如果速度较高，由于惯性作用，在 B 点可能出现超程现象，将拐角处的金属多切去一部分，而在加工外型面时，可能在 B 点处留有多余的金属未切去。为了克服这种现象，可在接近拐角处适当降低速度。这时可将 AB 段分成 AA' 和 $A'B$ 两段，在 AA' 段使用正常的进给速度 $A'B$ 段为低速度。低速度的具体值，要根据具体机床的动态特性和超程允差决定。机床动态特性是在机床出厂时由制造厂提供给用户的一个"超程表"中给出的，也可由用户自己通过实验确定，超程表

中应给出不同进给速度时的超程量。超程允差主要根据零件的加工精度决定，其值可与程序编制允差相等。

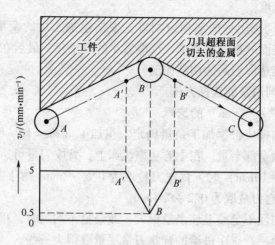

图 8 - 24　超程误差与控制

低速度段的长度，即图 8 - 24 中 $A'B$ 段的长度，由机床动态特性决定。由正常进给速度变到拐角处的低速度的过渡过程时间，应小于刀具出 A' 点移动至 B 点的时间。

加工过程中，由于切削力的作用，机床、工件、刀具系统产生变形，可能使刀具运动滞后，从而在拐角处可能产生"欠程"。因此，拐角处的欠程问题，在编程时应给予足够重视。此外，还应充分考虑切削的自然断屑问题，通过选择刀具几何形状和对切削用量的调整，使排屑处于最顺畅状态，严格避免长屑缠绕刀具而引起故障。

（3）切削速度 v_c（mm/min）的选择

根据已经选定的背吃刀量、进给量及刀具耐用度选择切削速度 v_c，可用经验公式计算，也可根据生产实践经验在机床说明书允许的切削速度范围内查表选取或者参考有关切削用量手册选用。

切削速度确定后，按式（8 - 2）计算出机床主轴转速 n（r/min），对有级变速的机床，须按机床说明书选择与所算转速 n 接近的转速，并填入程序单中。

$$n = \frac{1000v_c}{\pi D} \qquad (8 - 2)$$

式中　D——工件或刀具直径，mm

在选择切削速度时，还应考虑以下几点：

①应尽量避开积屑瘤产生的区域；

②断续切削时，为减小冲击和热应力，要适当降低切削速度；

③在易发生振动的情况下，切削速度应避开自激振动的临界速度；

④加工大件、细长件和薄壁工件时，应选用较低的切削速度；

⑤加工带外皮的工件时，应适当降低切削速度。

（4）机床功率的校核

切削功率 P_c 可用式（8-3）计算，机床有效功率 P_e 按式（8-4）计算：

$$P_c = F_c \times v_c \times 10^{-3}/60 \qquad (8-3)$$

式中　F_c——主切削力，N

　　　v_c——切削速度，mm/min

$$P_e = P_c \eta \qquad (8-4)$$

式中　P_c——机床电动机功率

　　　η——机床传动效率

如果 $P_c < P_e$，则选择的切削用量可在指定的机床上使用。如果 $P_c \ll P_e$，则机床功率没有得到充分发挥，这时可以规定较低的刀具耐用度（如采用机夹可转位刀片的合理耐用度可选为 15～30min），或采用切削性能更好的刀具材料，以提高切削速度的办法使切削功率增大，以期充分利用机床功率，达到提高生产率的目的。

如果 $P_c > P_e$，则选择的切削用量不能在指定的机床上使用或根据所限定的机床功率降低切削用量（主要是降低切削速度）。这时虽然机床功率得到充分利用，但刀具的性能却未能充分发挥。

8.2.7.3　切削用量的选择实例

以图 8-7 所示零件的孔加工为例，前面已经分析了孔加工方法，在选定刀具的基础上，其切削用量的选择计算如下。

1）$\phi 38$ 底孔钻削查切削用量手册，高速钢钻头钻削灰铁时的切削速度为 21～36m/min，进给量为 0.2～0.3mm/r，取 $v_c = 24$m/min，$f = 0.2$mm/r，根据式（8-2）计算主轴转速为 200r/min，根据式（8-1）计算进给速度 $v_f = 40$mm/min。

2）同理可选择计算其他各工序的切削用量。图 8-7 零件各孔加工所用刀具及切削用量参数见表 8-2。需要强调的是切削用量的选择虽然可以查阅切削用量手册或参考有关资料确定，但是就某一个具体零件而言，通过这种方法确定的切削用量未必非常理想，有时需要进行试切，才能确定比较理想的切削用量。因此，需要在实践当中进行不断总结和完善。

表 8-2　　　　　　　　　　刀具与切削用量参数

刀具编号	加工内容	刀参数	主轴转速/r·min^{-1}	进给量 f/mm	背吃刀量 a_p/mm
01	$\phi 38$ 钻孔	$\phi 38$ 钻头	200	40	19
02	$\phi 40$H7 粗镗	镗孔刀	600	40	0.8
	$\phi 40$H7 粗镗	镗孔刀	500	30	0.2
03	$2 \times \phi 13$ 钻孔	$\phi 13$ 钻头	500	30	6.5
04	$2 \times \phi 22$ 锪孔	22×14 锪钻孔	350	25	4.5

8.2.8 刀具的选用

刀具的选择是数控加工中重要的工艺内容之一，它不仅影响机床的加工效率，而且直接影响加工质量。编程时，选择刀具通常要考虑机床的加工能力、工序内容、工件材料等因素。

与传统的加工方法相比，数控加工对刀具的要求更高。不仅要求精度高、刚度高、耐用度高，而且要求尺寸稳定、安装调整方便。这就要求采用新型优质材料制造数控加工刀具，并优选刀具参数。

选取刀具时，要使刀具的尺寸与被加工工件的表面尺寸和形状相适应。生产中，平面零件周边轮廓的加工，常采用立铣刀。铣削平面时，应选硬质合金刀片铣刀；加工凸台、凹槽时，选高速钢立铣刀。

对一些主体型面和变斜角轮廓形的加工，常采用球头铣刀、环形铣刀、鼓形刀、锥形刀和盘形刀。曲面加工常采用和球头铣刀，但加工曲面较低的平坦部位时，刀具以球头顶端刃切削，切削条件较差，因而应采用环形刀。

8.2.9 对刀点和换刀点的选择

在编程时，应正确地选择对刀点和换刀点的位置。对刀点是在数控机床上加工零件时，刀具相对于工件运动的起始点。由于程序段从该点开始执行，所以对刀点又称为"程序起点"或"起刀点"。

对刀点的选择原则是：

①便于用数字处理和简化程序编制；

②在机床上找正容易，加工中便于检查；

③引起的加工误差小。

对刀点可选在工件上，也可选在工件外面（如选在夹具上或机床上），但必须与零件的定位基准有一定的尺寸关系，如图 8 – 25 中的 X_0 和 Y_0，这样才能确定机床坐标系与工件坐标系的关系。为了提高加工精度，对刀点应尽量选在零件的设计基准或工艺基准上，如以孔定位的工件，可选孔的中心作为对刀点。刀具的位置则以此孔来找正，使"刀位点"与"对刀点"重合。工厂常用的找正方法是将千分表装在机床主轴上，然后转动机床主轴，以使"刀位点"与"对刀点"一致。一致性越好，对刀精度越高。所谓"刀位点"是指车刀、镗刀的刀尖，钻头的钻尖，立铣刀、端铣刀刀头底面的中心，球头铣刀的球头中心。

零件安装后，工件坐标系与机床坐标系就有了确定的尺寸关系。在工件坐标系设定后，从对刀点开始的第一个程序段的坐标值为对刀点在机床坐标系中的坐标值 (X_0, Y_0)。当按绝对值编程时，不管对刀点和工件原点是否重合，都是 (X_1, Y_1)。当按增量值编程时：对刀点与工件原点重合时，第一个程序段的坐标值是 (X_2, Y_2)；不重合时，则为 $(X_1 + X_2, Y_1 + Y_2)$。

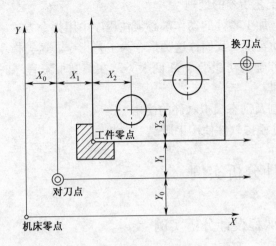

图 8 – 25　对刀点和换刀点

对刀点既是程序的起点，也是程序的终点。因此在成批生产中要考虑对刀点的重复精度，该精度可用对刀点相距机床原点的坐标值（X_0，Y_0）来校核。

"机床原点"是指机床上一个固定不变的极限点。例如，对车床而言，是指车床主轴回转中心与车床卡盘端面的交点。

加工过程中需要换刀时，应规定换刀点。所谓换刀点是指刀架转位换刀时的位置。该点可以是某一固定点（如加工中心机床，其换刀机械手的位置是固定的），也可以是任意的一点（如车床）。换刀点应设在工件或夹具的外部，以刀架转位时不碰工件及其他部件为准。其设定值可用实际测量方法或计算确定。

8.2.10　程序的编制

（1）程序误差及其控制

数控机床突出特点之一是零件的加工精度不仅在加工过程中形成，而且在加工前编程阶段就已形成，编程阶段的误差是不可避免的，这是程序控制的原理本身决定的。在编程阶段，图样上的信息转换成控制系统可以识别的形式，会产生三种误差：近似计算误差、插补误差、尺寸圆整误差。

在点位控制加工中，编程误差包含尺寸圆整误差一项，并且直接影响孔位置尺寸精度。

在轮廓控制加工中，影响轮廓加工精度的主要是插补误差，而尺寸圆整误差的影响则居次要地位，所以，一般所说的编程误差系指插补误差而言。

因为还有控制系统与拖动系统的误差、零件定位误差、对刀误差、刀具磨损误差、工件变形误差，等等，所以，零件图样上给出的公差，只有一小部分允许分配给编程过程中产生的误差。一般取允许的编程误差等于零件公差的0.1～0.2。

（2）编程中工艺指令的处理

在数控机床上加工零件的动作都必须在程序中用指令方式事先予以规定，在加工中由机床自动实现。我们称这类指令为工艺指令。这类指令有国际标准，即准备功能指令 G 和辅助功能指令 M 两大类。在编制加工程序时，必须按编程手册正确选用和处理。

（3）程序编制及动态模拟软件的使用

具体内容详见模拟软件使用手册。

8.3 课程设计分析实例

8.3.1 数控车课程设计分析实例

下面以图 8 – 26 所示轴承套为例，介绍数控车削加工工艺（单件小批量生产），所用机床为 CJK6240。

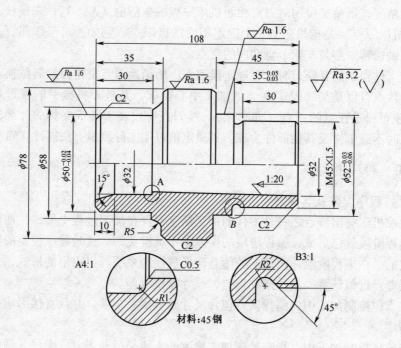

图 8 – 26 轴承套零件图

（1）零件图工艺分析

该零件表面由内外圆柱面、内圆锥面、顺圆弧、逆圆弧及外螺纹等表面组成，其中多个直径尺寸与轴向尺寸有较高的尺寸精度和表面粗糙度要求。零件图尺寸标注完整，符合数控加工尺寸标注要求；轮廓描述清楚完整；零件材料为

45 钢，切削加工性能较好，无热处理和硬度要求。

通过上述分析，采取以下几点工艺措施：

1）零件图样上带公差的尺寸，因公差值较小，故编程时不必取其平均值，而取基本尺寸即可。

2）左、右端面均为多个尺寸的设计基准，相应工序加工前，应该先将左、右端面车出来。

3）内孔尺寸较小，锤 1∶20 锥孔、ϕ32 孔及 15°斜面时需掉头装夹。

（2）确定装夹方案

内孔加工时以外圆定位，用三爪自动定心卡盘夹紧。加工外轮廓时，为保证一次安装加工出全部外轮廓，需要设一圆锥心轴装置（如图 8 - 27 双点画线部分），用三爪卡盘夹持心轴左端，心轴右端留有中心孔并用尾座顶尖顶紧以提高工艺系统的刚性。

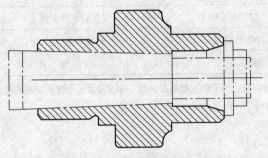

图 8 - 27　外轮廓车削装夹方案

（3）确定加工顺序及走刀路线

加工顺序的确定按由内到外、由粗到精、由近到远的原则确定，在一次装夹中尽可能加工出较多的工件表面。结合本零件的结构特征，可先加工内孔各表面，然后加工外轮廓表面。由于该零件为单件小批量生产，走刀路线设计不必考虑最短进给路线或最短空行程路线，外轮廓表面车削走刀路线可沿零件轮廓顺序进行，如图 8 - 28 所示。

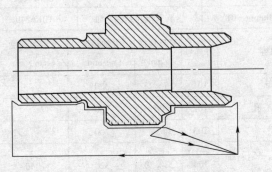

图 8 - 28　外轮廓加工走刀路线

（4）刀具选择

将所选定的刀具参数填入表8-3轴承套数控加工刀具卡片中，以便于编程和操作管理。

表8-3　　　　　　　　　轴承套数控加工刀具卡片

产品名称或代号		数控车工艺分析实例	零件名称		轴承套	零件图号		Lath-01
序号	刀具号	刀具规格名称	数量		加工表面	刀尖半径/mm		备注
1	T01	45°硬质合金端面车刀	1		车端面	0.5		25×25
2	T02	φ5 中心钻	1		钻 φ5 中心孔			
3	T03	φ26mm 钻头	1		钻底孔			
4	T04	镗刀	1		镗内孔各表面	0.4		20×20
5	T05	93°右手偏刀	1		自右至左车外表面	0.2		25×25
6	T06	93°左手偏刀	1		自左至右车外表面	0.2		25×25
7	T07	60°外螺纹车刀	1		车 M45 螺纹	0.1		25×25
编制		审核		批准		年　月　日	共1页	第1页

注意：车削外轮廓的时候，为了防止副后刀面与工件表面发生干涉，应选择较大的副偏角，必要的时候可以作图检验，本例中 $\kappa_r' = 55°$。

（5）切削用量选择

根据被加工表面质量要求、刀具材料和工件材料，参考切削用量手册或有关资料选取切削速度与每转进给量，然后根据式（8-1）和式（8-2）计算主轴转速与进给速度，计算结果填入表8-4工序卡中。

表8-4　　　　　　　　　轴承套数控加工工序卡

单位名称	华南理工广州学院		产品名称或代号		零件名称	零件图号
			数控车工艺分析实例		轴承套	Lath-01
工序号	程序编号		夹具名称		使用设备	车间
001	Latheprg-01		三爪卡盘和自制心轴		CJK6240	数控中心
工步号	工步内容	刀具号	刀具规格/mm	主轴转速/（r·min⁻¹）	进给速度/（mm·min⁻¹）	背吃刀量/mm	备注
1	平端面	T01	25×25	320		1	手动
2	钻 φ5 中心孔	T02	φ5	950		2.5	手动
3	钻底孔	T03	φ26	200		13	手动
4	粗镗 φ32 内孔，15°斜面及 C0.5 倒角	T04	20×20	320	40	0.8	自动

续表

工步号	工步内容	刀具号	刀具规格 /mm	主轴转速 / (r·min⁻¹)	进给速度 / (mm·min⁻¹)	背吃刀量 /mm	备注
5	精镗 $\phi32$ 内孔，15°斜面及 C0.5 倒角	T04	20×20	400	25	0.2	自动
6	掉头装夹粗镗 1:20 锥孔	T04	20×20	320	40	0.8	自动
7	精镗 1:20 锥孔	T04	20×20	400	20	0.2	自动
8	心轴装夹自右至左粗车外轮廓	T05	25×25	320	40	1	自动
9	自左至右粗车外轮廓	T06	25×25	320	40	1	自动
10	自右至左精车外轮廓	T05	25×25	400	20	0.1	自动
11	自左至右精车外轮廓	T06	25×25	400	20	0.1	自动
12	卸心轴改为三爪装夹粗车 M45 螺纹	T07	25×25	320	480	0.4	自动
13	精车 M45 螺纹	T04	25×25	320	480	0.1	自动
编制		审核		批准	年 月 日	共1页	第1页

背吃刀量的选择因粗、精加工而有所不同。粗加工时，在工艺系统刚性和机床功率允许的情况下，尽可能取较大的背吃刀量，以减少进给次数；精加工时，为保证零件表面粗糙度要求，背吃刀量一般取 0.1~0.4mm 较为合适。

（6）数控加工工艺卡片的拟订

将前面分析的各项内容综合成如表 8-4 所示的数控加工工艺卡片，此表是编制加工程序的主要依据和操作人员配合数控程序进行数控加工的指导性文件，主要内容包括：工步顺序、工步内容、各工步所用的刀具及切削用量等。表中所列各项数据是作者所在单位举办数控车操作工职业技能培训班上广大学员实践经验的总结，具有很高的可信度。

8.3.2 数控铣课程设计分析实例

以图 8-29 所示平面凸轮零件为例，外部轮廓尺寸已经由前道工序加工完，本工序的任务是在铣床上加工槽与孔。零件材料为 HT200，其数控铣削加工工艺分析如下。

（1）零件图工艺分析

凸轮槽内外轮廓由直线和圆弧组成，几何元素之间关系描述清楚完整，凸轮槽侧面与 $\phi20^{+0.021}_{0}$、$\phi12^{+0.018}_{0}$ 两个内孔表面粗糙度要求较高，为 Ra1.6。凸轮槽

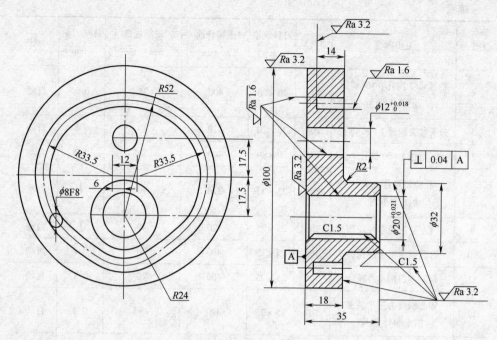

图 8-29   平面槽形凸轮零件图

内外轮廓面和 $\phi 20^{+0.021}_{0}$ 孔与底面有垂直度要求。零件材料为 HT200，切削加工性能较好。根据上述分析，凸轮槽内外轮廓及 $\phi 20^{+0.021}_{0}$、$\phi 12^{+0.018}_{0}$ 两个孔的加工应分粗、精加工两个阶段进行，以保证表面粗糙度要求。同时应以底面 A 定位，提高装夹刚度以满足垂直度要求。

（2）确定装夹方案

根据零件的结构特点，加工 $\phi 20^{+0.021}_{0}$、$\phi 12^{+0.018}_{0}$ 两个孔时，以底面 A 定位（必要时可设工艺孔），采用螺旋压板机构夹紧。加工凸轮槽内外轮廓时、采用"一面两孔"方式定位，即以底面 A 和 $\phi 20^{+0.021}_{0}$、$\phi 12^{+0.018}_{0}$ 两个孔为定位基准，装夹示意图如图 8-30 所示。

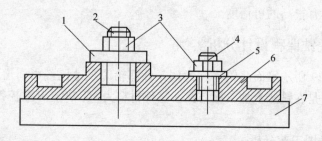

图 8-30   凸轮槽加工装夹示意图

1—开口垫圈 2—螺纹圆柱销 3—压紧螺母 4—螺纹削边销 5—垫圈 6—工件 7—垫块

（3）确定加工顺序和走刀路线

加工顺序的拟定按照基面先行、先粗后精的原则确定。因此应先加工用作定位基准的 $\phi20_{0}^{+0.021}$、$\phi12_{0}^{+0.018}$ 两个孔，然后再加工凸轮槽内外轮廓表面。为保证加工精度，粗、精加工应分开，其中 $\phi20_{0}^{+0.021}$、$\phi12_{0}^{+0.018}$ 两个孔的加工采用钻孔→粗铰→精铰方案。走刀路线包括平面进给和深度进给两部分。平面内进给时，外凸轮廓从切线方向切入，内凹轮廓从过渡圆弧切入。为使凸轮槽表面具有较好的表面质量，采用顺铣方式铣削。深度进给有两种方法：一种是在 XZ 平面（或 YZ 平面）来回铣削逐渐进刀到既定深度；另一种方法是先打一个工艺孔，然后从工艺孔进刀到既定深度。

（4）刀具的选择

根据零件的结构特点，铣削凸轮槽内、外轮廓时，铣刀直径受槽宽限制，取为 $\phi6$。粗加工选用 $\phi6$ 高速钢立铣刀，精加工选用 $\phi6$ 硬质合金立铣刀。所选刀具及其加工表面见表 8 - 5 平面槽形凸轮数控加工刀具卡片。

表 8 - 5　　　　　　　　　　　平面槽形凸轮数控加工刀具卡片

产品名称或代号	数控铣工艺分析实例		零件名称		平面槽形凸轮	零件图号	mill - 01
序号	刀具号	刀具			加工表面		备注
		规格名称	数量	刀长/mm			
1	T01	$\phi5$ 中心钻	1		钻 $\phi5$ 中心孔		
2	T02	$\phi19.6$ 钻头	1	45	$\phi2$ 孔粗加工		
3	T03	$\phi11.6$ 钻头	1	30	$\phi12$ 孔粗加工		
4	T04	$\phi20$ 铰刀	1	45	$\phi20$ 孔精加工		
5	T05	$\phi12$ 铰刀	1	30	$\phi12$ 孔精加工		
6	T06	90° 倒角铣刀	1		$\phi20$ 孔倒角 C1.5		
7	T07	$\phi6$ 高速钢立铣刀	1	20	粗加工凸轮槽内外轮廓		底圆角 R0.5
8	T08	$\phi6$ 硬质合金立铣刀	1	20	精加工凸轮槽内外轮廓		
编制		审核		批准		年　月　日	共 1 页　第 1 页

（5）削用量的选择

凸轮槽内、外轮廓精加工时留 0.1mm 铣削余量，精铰 $\phi20_{0}^{+0.021}$、$\phi12_{0}^{+0.018}$ 两个孔时留 0.1mm 铰削余量。选择主轴转速与进给速度时，先查切削用量手册，确定切削速度与每齿进给量，然后按式（8 - 1）和式（8 - 2）计算主轴转速与进给速度（计算过程从略）。

（6）填写数控加工工序卡

将各工步的加工内容、所用刀具和切削用量填入表 8 - 6 平面槽形凸轮数控加工工序卡。

表 8 – 6　　　　　　　　　　　平面槽形凸轮数控加工工序卡

单位名称	华南理工广州学院		产品名称或代号		零件名称	零件图号
			数控铣工艺分析实例		平面槽形凸轮	Mill – 01
工序号	程序编号		夹具名称		使用设备	车间
001	Millprg – 01		螺旋压板		XK5025/4	数控中心
工步号	工步内容	刀具号	刀具规格 /mm	主轴转速 / (r · min⁻¹)	进给速度 / (mm · min⁻¹)	背吃刀量 /mm	备注
1	A 面定位钻 φ5 中心孔	T01	φ5	755			手动
2	钻 φ19.6 孔	T02	φ19.6	402	40		手动
3	钻底孔	T03	φ11.6	402	40		手动
4	钻 φ11.6 孔	T04	φ20	130	20	0.2	自动
5	铰 φ20 孔	T05	φ12	130	20	0.2	自动
6	φ20 孔倒角 C1.5	T06	90°	402	20		自动
7	一面两孔定位粗铣 凸轮槽内轮廓	T07	φ6	1100	40	4	自动
8	粗铣凸轮槽外轮廓	T07	φ6	1100	40	4	自动
9	精铣凸轮槽内轮廓	T08	φ6	1495	20	14	自动
10	精铣凸轮槽外轮廓	T08	φ6	1495	20	14	自动
11	自左至右精车外轮廓	T06	90°	402	20		自动
编制		审核		批准		年　月　日	共 1 页	第 1 页

习题八

8 – 1　在数控车床上加工如图 8 – 31 所示的带有弧、锥和圆柱面的回转体。毛坯为 45 钢，根据图纸要求和毛坯情况，分析和编制该零件的数控车削工艺。

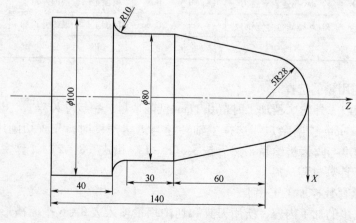

图 8 – 31　题 8 – 1 图

8 - 2　加工如图 8 - 32 的轴套类零件，零件的外圆不需要加工，根据图纸要求和毛坯情况，分析和编制该零件的数控加工工艺。

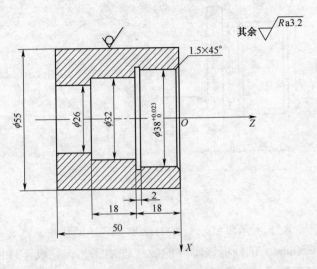

图 8 - 32　题 8 - 2 图

8 - 3　加工轴类零件如图 8 - 33 所示，毛坯为 φ85mm × 340mm 棒材，零件的材料是 45 钢，无热处理和硬度要求，图中 φ85mm 外圆不加工。对该零件进行精加工。根据图纸要求和毛坯情况，分析和编制该零件的数控车削工艺。

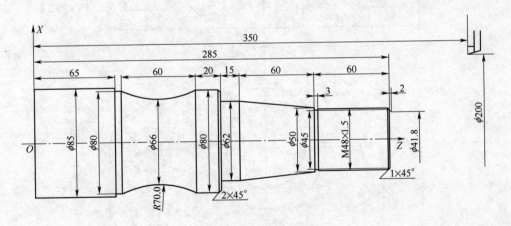

图 8 - 33　题 8 - 3 图

8 - 4　车削加工如图 8 - 34 所示零件，材料为 45 钢，试分析该零件的数控车削加工工艺，完成零件图分析、装夹方案、加工顺序、刀具卡片、工艺卡片。

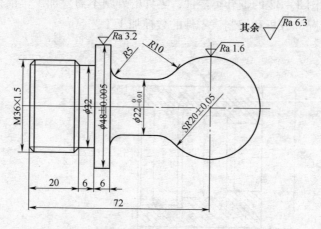

图 8 - 34　题 8 - 4 图

8 - 5　加工如图 8 - 35 所示零件。材料 HT200，毛坯尺寸长×宽×高为 170mm×110mm×50mm，试分析该零件的数控铣削工艺，完成零件图分析、装夹方案、加工顺序、刀具卡片、工艺卡片。

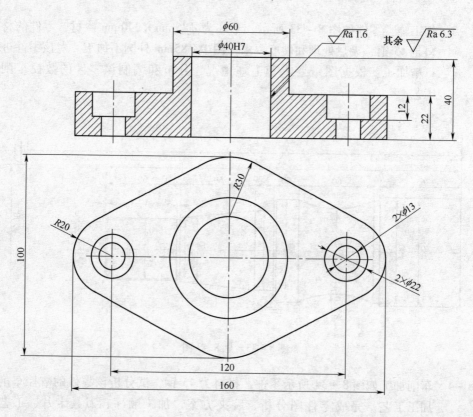

图 8 - 35　题 8 - 5 图

8-6　如图 8-36 所示的箱盖零件，材料为 45 钢，毛坯尺寸长×宽×高为 95mm×50mm×18mm，要求完成以下实训内容：零件的数控铣削加工工艺分析，包括零件图分析、装夹方案、加工顺序、刀具卡、切削用量和工序卡片。

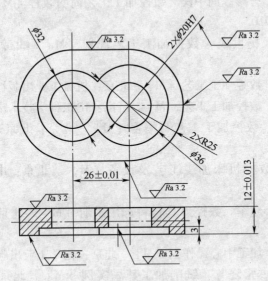

图 8-36　题 8-6 图

参 考 文 献

［1］蔡兰，王霄．数控加工工艺学［M］．北京：化学工业出版社，2010．

［2］罗春华，曾珍，周中民．数控加工工艺简明教程［M］．北京：北京理工大学出版社，2010．

［3］张明建，杨世成．数控加工工艺规划［M］．北京：清华大学出版社，2009．

［4］周晓宏．数控加工工艺［M］．北京：机械工业出版社，2011．

［5］崔兆华．数控加工工艺［M］．济南：山东科学技术出版社，2005．

［6］杨建明．数控加工工艺与编程［M］．北京：北京理工大学出版社，2006．

［7］田萍．数控机床加工工艺及设备［M］．北京：电子工业出版社，2005．

［8］邓建新，赵军．数控刀具材料选用手册［M］．北京：机械工业出版社，2005．

［9］邓广敏．加工中心操作工［M］．北京：化学工业出版社，2005．

［10］钱昌明，张晓芳．铣削加工禁忌实例［M］．北京：机械工业出版社，2005．

［11］花果然．特种加工技术［M］．北京：电子工业出版社，2012．

［12］邱建忠．CAXA 线切割 XP 实例教程（第二版）［M］．北京：北京航空航天大学出版社，2005．